高等职业教育新形态系列教材

零件数控车削加工

(活页式教材)

主　编　阙燚彬　韦富基
副主编　曾茂燕　刘振超
　　　　李振尤　张映故

北京理工大学出版社
BEIJING INSTITUTE OF TECHNOLOGY PRESS

内 容 简 介

本书是基于模块驱动教学模式编写的数控车削理实一体化教材。教材以 GSK980TD、FANUC 系统数控车床为例,以机械机构组件为载体,按照真实工作情境的工作过程开展典型案例的教学。教材理论与生产实际结合、技能训练与岗位能力结合,体现了工学结合的特色。

本书设六大学习项目,13 个学习模块。内容由浅入深,循序渐进,遵循学生职业发展认知规律,涵盖了外圆、端面、台阶、内孔、圆锥、圆弧、沟槽、螺纹、一般特形面和非圆曲线轮廓表面等零件结构的数控加工工艺知识、编程知识及操作技能。教材的教学目标是培养学员具备较强的数控车床加工编程能力、维护保养能力和较高的职业素养,使其适应数控车削加工中、高级编程操作人员和生产现场管理员的岗位需求。

本书可作为高等职业专本科院校数控技术、模具设计与制造、机械设计与制造、机电设备维修与管理等专业的教材,也可作为开放大学、成人教育、自学考试、中职学校及岗前培训班的教材,以及工程技术人员的参考书。

本书配有免费的电子教学课件、习题及参考答案、微课视频、在线网络课程等。

版权专有　侵权必究

图书在版编目（CIP）数据

零件数控车削加工 / 阙燚彬, 韦富基主编. --北京：北京理工大学出版社, 2021.9
　ISBN 978-7-5763-0318-6

　Ⅰ. ①零… Ⅱ. ①阙… ②韦… Ⅲ. ①机械元件-数控机床-车床-车削-高等职业教育-教材　Ⅳ. ①TH13 ②TG519.1

中国版本图书馆 CIP 数据核字（2021）第 184700 号

出版发行 / 北京理工大学出版社有限责任公司
社　　址 / 北京市海淀区中关村南大街 5 号
邮　　编 / 100081
电　　话 /（010）68914775（总编室）
　　　　　（010）82562903（教材售后服务热线）
　　　　　（010）68944723（其他图书服务热线）
网　　址 / http：//www.bitpress.com.cn
经　　销 / 全国各地新华书店
印　　刷 / 河北盛世彩捷印刷有限公司
开　　本 / 787 毫米×1092 毫米　1/16
印　　张 / 15.5　　　　　　　　　　　　　　责任编辑 / 赵　岩
字　　数 / 355 千字　　　　　　　　　　　　文案编辑 / 魏　笑
版　　次 / 2021 年 9 月第 1 版　2021 年 9 月第 1 次印刷　　责任校对 / 周瑞红
定　　价 / 49.90 元　　　　　　　　　　　　责任印制 / 李志强

图书出现印装质量问题，请拨打售后服务热线，本社负责调换

前　言

本书是根据教育部职业教育专业课程教学改革要求，以任务驱动的教学模式编写的理实一体化教材。本书以典型回转类零件和机构组件为载体，按照真实工作情境的工作过程组织教学，并加以活页式引导的理论测试任务与巩固提高任务，培养学生知识、技能的迁移能力。本书主要以 GSK980TD 系统和 FANUC0i-TD 系统数控车床为例，通过典型零件的加工案例，讲解轴类、套（盘）类、机构及竞赛组件、数控车削中高级模拟件等零件的工艺编程与加工操作。内容由浅入深，循序渐进，遵循学生职业发展认知规律。

本书的编写特点：

（1）突出职业能力培养。以能力为本，把提高学生职业能力放在首位，明确职业岗位对职业核心能力的要求，重点培养学生的技术运用和岗位工作能力，注重创新能力和综合素质培养，为学生的职业生涯发展奠定良好的基础。

（2）理论测试与巩固提高部分采用活页式任务引导，培养学生相关知识、技能的迁移能力。

（3）学历教育与职业资格技能考证相结合。本书既具有高职高专教育的知识内涵，又具有职业教育的职业能力内涵，把职业资格鉴定的知识点、操作技能与教材内容相结合，将实践教学体系与职业技能鉴定标准对接，使学生在校学习期间，在通过课程考核的同时，也能顺利地通过职业技能鉴定获得相关职业资格证书。

（4）理实一体，工学结合。本书把原"数控车床操作实训""数控机床编程与操作""零件加工工艺"等课程有机地融为一体，实行一体化模块教学，理论教学与实践教学相互渗透。强调工学结合，教学内容的选择贴近生产实际。

本书的教学目标是培养学员具备较强的数控车削加工工艺编程能力、维护保养能力和较高的职业素养，使其具备数控车削加工中、高级编程操作人员和生产现场管理员的岗位能力。

本书可作为高等职业专本科院校数控、模具、机械制造、自动化、机电设备等专业的教材，也可作为开放大学、成人教育、自学考试、中职学校及岗前培训班的教材，以及工程技术人员的参考书。本课程的教学参考学时为 80~100 学时。

本书由柳州职业技术学院阙燚彬高级实验师、韦富基教授担任主编；柳州职业技术学院曾茂燕、柳州铁道职业技术学院刘振超教授、柳州职业技术学院李振尤副教授、柳州职业技术学院张映故高级实验师担任副主编。参编人员有：汤耀年、熊举化、蓝卫东、游腾周、宜春职业技术学院李金平、郴州技师学院阙子娟、广西汽车集团有限公司首席技能专家丘柳滨和柳州福臻车体实业有限公司生产管理科科长冯旺旺等。其中：项目 3 的模块 3.2、项目 4 的模块 4.2 由阙燚彬编写；项目 2、项目 3 的模块 3.1 由韦富基编写；项目 1、项目6的模块6.2由曾茂燕编写；项目4的模块4.1.3由刘振超编写；项目5的模块5.1、项目5的模块5.2由李振尤编写；项目6的模块6.1由张映故、李金平编写；项目5的模块5.3由丘柳滨和阙子娟编写；项目4模块4.1的任务4.1.2、附录Ⅲ由汤耀年和冯旺旺编写；项目4模块4.1的任务4.1.1、附录Ⅱ由熊举化和蓝卫东编写；附录Ⅰ由游腾周编写。本书由柳州职业技术学院关意鹏副教授担任主审。

  由于编者水平有限，书中难免存在错误和不当之处，恳请广大读者予以批评指正。

  本书配有免费的电子教学课件、微课视频、习题参考答案等，请需要的教师扫描书中二维码阅看或下载相应教学资源，也可登录课程网站在线学习或下载。

编者

目 录

项目 1　安全文明生产与日常维护保养 ⋯⋯⋯⋯⋯⋯⋯⋯⋯⋯⋯⋯⋯⋯⋯⋯⋯⋯⋯ 1

　任务 1.1　数据车床安全操作规程认知 ⋯⋯⋯⋯⋯⋯⋯⋯⋯⋯⋯⋯⋯⋯⋯⋯⋯⋯⋯⋯ 3
　任务 1.2　数控车床的日常维护与保养认知 ⋯⋯⋯⋯⋯⋯⋯⋯⋯⋯⋯⋯⋯⋯⋯⋯⋯⋯ 7
　　案例 1　大国工匠（一） ⋯⋯⋯⋯⋯⋯⋯⋯⋯⋯⋯⋯⋯⋯⋯⋯⋯⋯⋯⋯⋯⋯⋯⋯ 11

项目 2　数控车床编程基础与基本操作 ⋯⋯⋯⋯⋯⋯⋯⋯⋯⋯⋯⋯⋯⋯⋯⋯⋯⋯⋯ 13

　任务 2.1　简单轴类零件精车程序编写 ⋯⋯⋯⋯⋯⋯⋯⋯⋯⋯⋯⋯⋯⋯⋯⋯⋯⋯⋯⋯ 15
　任务 2.2　数控车床空运行及对刀操作 ⋯⋯⋯⋯⋯⋯⋯⋯⋯⋯⋯⋯⋯⋯⋯⋯⋯⋯⋯⋯ 25
　　案例 2　大国工匠（二） ⋯⋯⋯⋯⋯⋯⋯⋯⋯⋯⋯⋯⋯⋯⋯⋯⋯⋯⋯⋯⋯⋯⋯⋯ 51

项目 3　轴类零件数控车削 ⋯⋯⋯⋯⋯⋯⋯⋯⋯⋯⋯⋯⋯⋯⋯⋯⋯⋯⋯⋯⋯⋯⋯⋯ 53

　任务 3.1　简单台阶轴零件数控车削 ⋯⋯⋯⋯⋯⋯⋯⋯⋯⋯⋯⋯⋯⋯⋯⋯⋯⋯⋯⋯⋯ 55
　任务 3.2　带锥度台阶轴数控车削 ⋯⋯⋯⋯⋯⋯⋯⋯⋯⋯⋯⋯⋯⋯⋯⋯⋯⋯⋯⋯⋯⋯ 65
　任务 3.3　凸轮机构传动轴数控车削 ⋯⋯⋯⋯⋯⋯⋯⋯⋯⋯⋯⋯⋯⋯⋯⋯⋯⋯⋯⋯⋯ 71
　任务 3.4　复杂表面轴类零件数控车削 ⋯⋯⋯⋯⋯⋯⋯⋯⋯⋯⋯⋯⋯⋯⋯⋯⋯⋯⋯⋯ 85
　　案例 3　大国工匠（三） ⋯⋯⋯⋯⋯⋯⋯⋯⋯⋯⋯⋯⋯⋯⋯⋯⋯⋯⋯⋯⋯⋯⋯⋯ 99

项目 4　套（盘）类零件数控车削 ⋯⋯⋯⋯⋯⋯⋯⋯⋯⋯⋯⋯⋯⋯⋯⋯⋯⋯⋯⋯⋯ 101

　任务 4.1　凸轮机构上底座数控车削 ⋯⋯⋯⋯⋯⋯⋯⋯⋯⋯⋯⋯⋯⋯⋯⋯⋯⋯⋯⋯⋯ 103
　任务 4.2　凸轮机构下底座数控车削 ⋯⋯⋯⋯⋯⋯⋯⋯⋯⋯⋯⋯⋯⋯⋯⋯⋯⋯⋯⋯⋯ 113
　任务 4.3　拨环零件数控车削 ⋯⋯⋯⋯⋯⋯⋯⋯⋯⋯⋯⋯⋯⋯⋯⋯⋯⋯⋯⋯⋯⋯⋯⋯ 121
　任务 4.4　凸轮机构螺母数控车削 ⋯⋯⋯⋯⋯⋯⋯⋯⋯⋯⋯⋯⋯⋯⋯⋯⋯⋯⋯⋯⋯⋯ 133
　　案例 4　大国工匠（四） ⋯⋯⋯⋯⋯⋯⋯⋯⋯⋯⋯⋯⋯⋯⋯⋯⋯⋯⋯⋯⋯⋯⋯⋯ 147

项目 5　复杂零部件加工与自动编程 ⋯⋯⋯⋯⋯⋯⋯⋯⋯⋯⋯⋯⋯⋯⋯⋯⋯⋯⋯⋯ 149

　任务 5.1　A 类宏程序应用 ⋯⋯⋯⋯⋯⋯⋯⋯⋯⋯⋯⋯⋯⋯⋯⋯⋯⋯⋯⋯⋯⋯⋯⋯⋯ 151
　任务 5.2　B 类宏程序应用 ⋯⋯⋯⋯⋯⋯⋯⋯⋯⋯⋯⋯⋯⋯⋯⋯⋯⋯⋯⋯⋯⋯⋯⋯⋯ 159
　任务 5.3　复杂零件自动编程加工 ⋯⋯⋯⋯⋯⋯⋯⋯⋯⋯⋯⋯⋯⋯⋯⋯⋯⋯⋯⋯⋯⋯ 161

任务 5.4　竞赛组件数控车削 ……………………………………………… 175
案例 5　大国工匠（四）（续） ………………………………………… 200

项目 6　车工中、高级操作技能训练 …………………………………… 201
任务 6.1　中级技能模拟件数控车削 …………………………………… 203
任务 6.2　高级技能模拟件数控车削 …………………………………… 211

附录Ⅰ　GSK980TD 系统数控车床控制面板操作说明 ……………… 231

附录Ⅱ　数控车床的维护保养与常见故障诊断 ………………………… 237

附录Ⅲ　车工国家职业标准 ……………………………………………… 238

参考文献 …………………………………………………………………… 239

项目1　安全文明生产与日常维护保养

数控车床是数字程序控制车床的简称,它是一种通过数字程序,控制机床按规定的运动轨迹对被加工零件进行自动加工的机电一体化加工装备。作为数控车床操作人员,必须掌握数控车床的基本操作要领及安全操作规程,才能操作数控车床加工完成合格的零件,必须掌握数控车床的日常维护保养知识,才能保证数控车床具有预期的使用寿命和工作精度。

【知识目标】

1. 掌握数控车床安全操作规程知识。
2. 掌握数控车床的日常维护保养知识。

【能力目标】

1. 能按数控车床安全操作规程文明操作数控车床。
2. 能按5S标准开展任务工作。
3. 能对数控车床进行日常、定期维护保养。

【素养目标】

1. 树立安全文明生产和5S管理意识。
2. 养成自觉按要求进行日常维护保养设备的素养。

> **小贴士**：安全文明生产和遵守5S管理制度是保障人员和设备安全、防止工伤和设备故障的根本保证。操作人员请按制度要求进行各项操作。

【学习导航】

项目1 安全文明生产与日常维护保养
- 任务1.1 数控车床安全操作规程认知
- 任务1.2 数控车床的日常维护与保养认知
- 安全生产教学视频
- 职业技能鉴定理论测试
- 任务工单（任务与实施、检测及评价）
- 案例1 大国工匠（一）

任务 1.1 数据车床安全操作规程认知

知识链接

1. 安全操作基本注意事项

1）操作人员操作时要穿好工作服,如图 1.1 所示;穿好全包裹式鞋,如图 1.2 所示;戴好防护眼镜,长发操作人员需戴好工作帽,如图 1.3 所示。操作人员操作时不允许戴手套和围巾。

2）不能移动或破坏安装在车间、机床上的警告标牌。

3）不能在机床周围放置障碍物,工作空间应畅通,保持地面整洁干净、无杂物。确保踏台、托盘表面无污垢、铁屑,如图 1.4 所示。

图 1.1 数控车床操作人员安全穿好工作服

4）某一项操作工作如需要两人或多人共同完成时,应注意相互间操作的协调一致。

5）不允许采用压缩空气清洗机床、电气柜及 NC 单元控制器。

图 1.2 全包裹式鞋　　图 1.3 长发操作人员戴工作帽　　图 1.4 数车操作位 5S 标准

2. 操作前的准备工作

1）操作人员打开机床前,应仔细检查机床各部件,特别是运动部件是否状态完好。机床开始工作前要预热,操作人员认真检查润滑系统正常工作状态,如机床长时间未开动,可先采用手动方式向各部件供油润滑。

2）使用的刀具应与机床允许的规格相符,有严重破损的刀具要及时更换,刀具安装好后应进行试切削。

3）检查卡盘夹紧工件的状态。

3. 工作过程中的安全注意事项

1）操作人员开动机床前,必须关好机床防护门。在零件加工过程中,无特殊情况不要随便打开防护门。

项目 1 安全文明生产与日常维护保养　■　3

2）禁止用手接触刀尖和铁屑，铁屑必须使用铁钩子或毛刷来清理。

3）禁止用手或其他任何方式接触正在旋转的卡盘、工件或其他运动部件。

4）禁止在主轴旋转过程中测量工件，更不能在主轴旋转过程中使用棉丝擦拭工件，也不能清扫机床。

5）禁止在机床正常运行时，打开电气柜的门。

6）在加工过程中，操作人员不得离开岗位，应认真观察切削状况，确保机床、刀具的正常运行及工件的质量，如遇异常危急情况，可按下"急停"按钮，以确保人身与机床的安全。

7）当手动回机床原点时，操作人员应注意机床各轴的位置距离原点 100 mm 以上，机床原点回归顺序为首先 +X 轴，其次 +Z 轴。

8）当使用手轮或快速移动方式移动各轴位置时，操作人员一定要看清机床 X、Z 轴各方向"+、-"号的标牌后再移动。移动时，先慢转手轮观察机床移动方向无误后，方可加快移动速度。

9）编完程序或将程序输入机床后，必须先进行图形模拟，模拟准确无误后再进行机床试运行，并且试运行过程中刀具应离开工件端面 200 mm 以上。

10）当手动对刀时，操作人员应注意选择合适的进给速度。在手动换刀时，刀架距工件要有足够的转位距离以避免发生碰撞。

11）在程序运行中，操作人员测量工件尺寸时，需暂停工作中的机床，要待机床完全停止，主轴完全停转后方可进行测量，以免发生人身事故。

12）不得随意更改制造厂设定的数控系统内部参数，并及时做好数据备份。

4. 工作完成后的注意事项

1）清除切屑、擦拭机床、工量具，打扫工作场地卫生，使机床与工作环境保持清洁状态。

2）给机床导轨等运动部件上润滑油。

3）依次关掉数控系统电源和机床总电源。

任务工单

1. 任务与实施

根据表 1.1 数控车床安全操作作业书的要求，如实对照自我着装、操作前及工作过程中安全注意事项和设备使用后的 5S 管理制度等完成情况，并完成安全操作书的填写。

表 1.1　数控车床安全操作作业书

班级：		姓名：	日期：
内容		要求	完成情况
着装	进入实训室前，检查穿戴符合要求情况	穿好工作服、全包裹式鞋、戴好防护眼镜，长发操作人员需戴工作帽，不允许戴手套和围巾进行操作	
操作前注意事项	1. 打开机床前，仔细检查机床各部件特别是运动部件 2. 检查润滑系统工作情况 3. 检查使用的刀具应与机床允许的规格相符	1. 打开机床前，应仔细检查机床各部分特别是运动部件完好 2. 润滑系统工作正常 3. 使用的刀具应与机床允许的规格相符	
工作过程中安全注意事项	工作过程中的安全注意事项	按安全注意事项要求操作	
工作完成后安全注意事项	工、量、刀具的整理，设备及场地卫生	按 5S 标准执行 二维码 1-1	

2. 检测与评价

按表 1.2 所列模块内容及要求进行评价。

表 1.2　任务评价表

机床编号：		学生姓名：		总得分：	
序号	模块内容及要求	配分	评分标准		单项最终得分
1	着装	20	不按要求操作扣 4 分/次，扣完为止，不倒扣		
2	操作前安全注意事项	20	不按要求操作扣 4 分/次，扣完为止，不倒扣		
3	工作过程中安全注意事项	30	不按要求操作扣 4 分/次，扣完为止，不倒扣		
4	工作完成后安全注意事项	30	不按要求操作扣 4 分/次，扣完为止，不倒扣		

任务1.2 数控车床的日常维护与保养认知

知识链接

在数控车床使用过程中,日常维护与保养关系到机床使用寿命的长短与零件加工的质量,因此必须高度重视。数控车床的维护与保养要求如下。

1. 数控车床的日常保养内容和要求(如表1.3所示)
2. 数控车床的定期保养内容和要求(如表1.4所示)

表1.3 数控车床的日常保养内容和要求

序号	保养部位	保养内容和要求	图示
1	外观保养	1. 下班前清扫及擦拭机床表面,所有的运动部件表面要抹上机油防锈 2. 清除切屑(内、外),保持机床表面干净整洁 3. 检查机床内外磕、碰、拉伤等现象	
2	主轴部分	1. 检查液压夹具运转情况 2. 检查主轴运转情况 3. 检查在卡盘上没装有工件时,卡爪处于收拢状态	
3	润滑部分	1. 检查各润滑油箱的油量处于最高点与最低点之间的位置 2. 检查各手动加油点按规定加油情况,并检查滤油器堵塞状态	
4	滑板、尾座部分	1. 移动中滑板与底座贴平,移动大滑板至尾座处 2. 每班操作人员下班前移动尾座清理底面、导轨 3. 每班操作人员下班前清理锥孔	

序号	保养部位	保养内容和要求	图示
5	电气部分	1. 检查开关正常使用情况 2. 检查操作面板上各按键正常使用情况 3. 检查照明灯正常照明情况	
6	其他部分	1. 检查液压系统无滴油、发热现象 2. 检查切削液系统工作正常情况 3. 将工件排列整齐 4. 清理机床周围,达到清洁效果 5. 认真填写好交接班记录及其他记录	

表1.4 数控车床的定期保养内容和要求

序号	保养部位	保养内容和要求
1	外观保养	清除各部件表面油垢,做到无死角,保持内外清洁,无锈蚀
2	液压及切削油箱	1. 清洗滤油器 2. 清理油管,擦拭油窗,使油管畅通、油窗明亮 3. 清理液压站,使液压站无油垢、灰尘 4. 切削液箱内加 5~10 mL 防腐剂(夏天 10 mL,其他季节 5~6 mL)
3	机床本体及清屑器	1. 卸下刀架挡屑板,清洗刀架 2. 清扫清屑器上的残余铁屑,每 3~6 个月(根据工作量大小)卸下清屑器,清扫机床内部 3. 清扫回转装刀架上的全部铁屑
4	润滑部分	1. 保证各润滑油管畅通无阻 2. 给各润滑点加油,并检查油箱内沉淀物情况 3. 试验自动加油器的可靠性 4. 每月用纱布擦拭读带机各部位,每半年对各运转点润滑至少一次 5. 每周检查滤油器干净状态,发现污垢,必须洗净滤油器。一个月清洗一次滤油器
5	电气部分 (维修电工负责)	1. 对电动机碳刷每年检查一次,如果不符合检查结果,应立即更换 2. 热交换器每年检查清理至少一次 3. 电动机长期不用时要经常通电,一周一次为宜 4. 擦拭电器箱内外清洁,保证无油垢、无灰尘 5. 检查各接触点接电良好,不漏电 6. 检查各开关按钮灵敏可靠

【安全生产教学视频】

数控车安全文明生产

职业技能鉴定理论测试

一、单项选择题（请将正确选项的序号填入题内的括号中）

1. 安全文化的核心是树立（　　）的价值观念，真正地做到"安全第一，预防为主"。
   A. 以产品质量为主　　　　　　　B. 以经济效益为主
   C. 以人为本　　　　　　　　　　D. 以管理为主

2. 数控机床如果长期不用时，最重要的日常维护工作是（　　）。
   A. 通电　　　　B. 断电　　　　C. 清洁　　　　D. 干燥

3. 下列各项中，属于违反安全操作规程的操作是（　　）。
   A. 执行国家劳动保护政策　　　　B. 遵守安全操作规程
   C. 严格遵守生产纪律　　　　　　D. 使用不熟悉的机床和工具

4. 数控机床应当（　　）检查切削液、润滑油充足情况。
   A. 每日　　　　B. 每周　　　　C. 每月　　　　D. 一年

5. 数控机床开机应空运转约（　　），使机床达到热平衡状态。
   A. 15 min　　　B. 30 min　　　C. 45 min　　　D. 60 min

6. 下列各项中，不符合着装整洁文明生产要求的是（　　）。
   A. 按规定穿戴好防护用品　　　　B. 执行规章制度
   C. 遵守安全技术操作规程　　　　D. 工作中对服装不作要求

7. 下列各项中，不符合着装整洁文明生产要求的是（　　）。
   A. 优化工作环境　　　　　　　　B. 遵守安全技术操作规程
   C. 按规定穿戴好防护用品　　　　D. 在工作中吸烟

8. 下列各项中，不符合文明生产基本要求的是（　　）。
   A. 严肃工作纪律　　B. 遵守劳动纪律　　C. 优化工作环境　　D. 修改工艺程序

9. 数控机床安全文明生产要求操作人员在交接班时，按照规定保养机床，认真做好（　　）工作，对机床参数修改、程序执行情况做好文字记录。
   A. 机床保养　　　B. 卫生　　　　C. 交接班　　　　D. 润滑

10. 关机前要移动中滑板与底座贴平，移动大滑板至（　　）处。
    A. 尾座　　　　B. 顶尖　　　　C. 中滑板　　　　D. 底座

二、判断题（对的画"√"，错的画"×"）

（　　）1. 从业者要遵守国家法纪，但不必遵守安全操作规程。

（　　）2. 机床导轨油缺少而报警后，操作人员将导轨油注入油箱，就能解除报警。

（　　）3. 在数控机床加工时，要经常打开数控柜的门以便降温。

（　　）4. 数控系统出现故障后，如果了解故障的全过程并确认通电对系统无危险，就可通电进行观察，检查故障。

（　　）5. 每天需要检查数控铣床保养的内容是电器柜过滤网。

任务工单

> **小贴士**：按期正确进行维护保养可以维持设备的使用精度，延长设备的寿命，请按要求进行日常维护保养。

1. 任务与实施

根据表 1.5 设备日常点检及维护保养作业书的要求进行点检，实施日常维护与保养，并如实填写处理结果。

表 1.5　设备日常点检及维护保养作业书

机床号：		点检人：		点检日期：	
机床状态	点检模块	点检方法	点检状态	标准	不符合标准时采取的维护保养措施
开机前	储油罐的油位	目视		油位处于最高与最低位之间	
	1. 机床顶上物品摆放情况 2. 机床面板完好无缺情况	目视		1. 机床顶上不能放置物品 2. 机床面板应完好无缺	
	检查工件卡爪状态	目视		1. 卡盘上装有工件，用卡盘扳手和加力套筒检查并夹紧工件 2. 没有工件，卡爪处于收拢状态	
机床状态	点检模块	点检方法	点检状态	标准	不符合标准时采取的维护保养措施
使用时	1. 检查机床照明灯照明情况 2. 检查主轴运转情况 3. 急停按钮灵敏情况	目视		1. 机床照明灯照明正常 2. 主轴运转正常 3. 急停按钮灵敏可靠	
使用后	1. 清扫及擦拭机床表面，所有的运动部件表面要抹上机油防锈 2. 清理尾座锥孔 3. 清除切屑保持机床干净整洁 4. 清理机床周围，达到干净整洁要求 5. 移动中滑板与底座贴平，移动大滑板至尾座处	目视		1. 机床干净整洁，所有运动表面抹上机油防锈 2. 尾座锥孔内干净 3. 机床周围干净整洁 5. 中滑板与底座贴平，大滑板置于尾座处	

2. 检测与评价

按表 1.6 所列模块内容及要求进行评价。

表 1.6 任务评价表

机床编号：		学生姓名：		总得分	
序号	模块内容及要求	配分	评分标准		单项最终得分
1	开机前点检模块包括油位处于最高与最低位之间；机床顶上不能放置物品；机床面板应完好无缺；卡盘上装有工件，用卡盘扳手和加力套筒检查并夹紧工件；没有工件，卡爪处于收拢状态	40	没按实际情况点检扣 4 分/处，点检发现问题的没按维护保养标准采取措施扣 4 分/处，扣完为止，不倒扣		
2	使用时点检模块包括机床照明灯亮；主轴运转正常；急停按钮灵敏可靠	30	没按实际情况点检扣 4 分/处，点检发现问题的没按维护保养标准采取措施扣 4 分/处，扣完为止，不倒扣。		
3	使用后点检模块包括机床干净整洁，所有运动表面抹上机油防锈；尾座锥孔内干净；机床周围干净整洁；中滑板与底座贴平，大滑板置于尾座处	30	没按实际情况点检扣 4 分/处，点检发现问题的没按维护保养标准采取措施扣 4 分/处，扣完为止，不倒扣		

案例 1 大国工匠（一）

项目 2　数控车床编程基础与基本操作

数控车床基本操作是学习数控车床操作与编程的入门内容。作为数控车床操作人员，必须掌握数控车床基本操作要领及安全操作规程，才能操作数控车床加工合格的零件。学生通过学习本项目，掌握数控车床面板的基本操作要领，掌握简单零件数控车床程序的编制，掌握编制程序的录入、编辑、作图检查、对刀操作、运行加工等基本操作。

【知识目标】

1. 理解数控车床坐标系。
2. 掌握常用辅助 M 功能及单一 G 功能指令编程格式。
3. 掌握数控车床的基本操作方法。
4. 掌握工件坐标系与对刀操作的相关知识。

【能力目标】

1. 能独立完成对刀操作。
2. 能独立完成简单轴类零件的精加工程序编写。
3. 能按照要求正确操作数控车床。
4. 能正确录入程序及作图检查加工刀路轨迹。
5. 能自行准备刀具、量具、工具并正确使用。

【素养目标】

1. 养成收集、查阅完成工作任务所需要的信息，并对信息进行整理和分析的素养。
2. 养成严格执行与职业活动相关的、保证工作安全和防止意外的规章制度的素养。
3. 养成认真负责、严谨细致的工匠品质。

【学习导航】

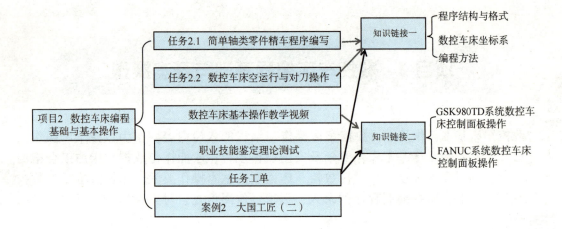

任务 2.1　简单轴类零件精车程序编写

任务描述与分析

图 2.1 所示为简单轴类零件，材料为 45 钢，毛坯为 φ35×65 棒料。试完成该零件的精车程序编写。零件包含直线、圆弧轮廓，需运用 G 功能指令及辅助功能指令编写。

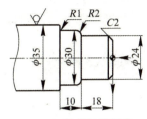

图 2.1　简单轴类零件

计划与决策

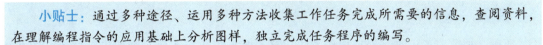

小贴士：通过多种途径、运用多种方法收集工作任务完成所需要的信息，查阅资料，在理解编程指令的应用基础上分析图样，独立完成任务程序的编写。

使用 GSK980TD 系统或 FANUC 系统进行编写，需要用到 G00、G01、G02、G03 功能指令。

实施

精车程序编写。
……（粗车略）
N110 G00 X100 Z100（刀架快速移动到安全点）
N120 T0202 M03 S1000（换 2 号精车刀执行 2 号刀补）

N200 G01 X37（退刀至 φ37）
N210 G00 X100 Z50（刀架快速移动到安全点）
N220 M30　（结束）

检测与评价

按表 2.1 所列模块内容及要求进行评价。

表 2.1　任务评价表

学号：		学生姓名：		总得分	
序号	模块内容及要求	配分	评分标准	单项得分	
1	程序	80	错误扣 5 分/处，扣完为止		
2	纪律与态度	20	违反纪律、学习不积极扣 2 分/次		

评估与总结

知识链接

正确掌握数控车床的编程与操作方法，首先要了解数控车床车削的走刀轨迹。图 2.2 是简单轴类零件车削走刀轨迹，如图 2.2（a）所示，车刀由 a 点移动至 o 点车出端面；如图 2.2（b）所示，最后精车走刀路径为车刀由 b 点移动至 c 点车出 ϕ30 外圆、再至 d 点车出圆锥面，再至 e 点车出 ϕ33 外圆，再退至 f 点车出平台阶面，即形成了带锥度的台阶轴，如图 2.2（c）所示。当加工余量较大时，不能一次走刀完成加工。因此按图 2.2（b）中画线部分，先分层粗车，最后按精车轨迹精车。要实现上述车削过程，必须把相应的程序输入到数控系统中并按要求操作机床才能完成加工。

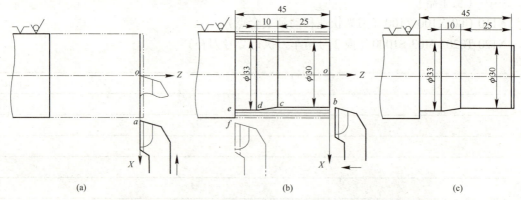

图 2.2　简单轴类零件车削走刀轨迹
（a）车端面；（b）车外圆台阶；（c）加工成型

学习数控车床的操作，还需了解数控编程基础知识。下面介绍数控车床简单程序的编写格式与应用。

1. 数控机床的程序结构与格式（见二维码 2-1）

二维码 2-1

2. 数控车床坐标系（见二维码2-2）

二维码 2-2

3. 数控车床加工编程方法

数控车床编程是数控加工的重要环节，主要内容有确定工艺过程（包括确定加工方案，选择合适的机床、刀具及夹具，确定合理的进给路线及切削用量）；数学处理（包括建立工件的几何模型，计算加工编程所需要的相关位置坐标数据）；编制加工程序（按照数控系统规定的编程指令和程序格式，编写零件的加工程序）；程序输入与校验以及试车削。编程的方法有手工编程与自动编程两大类。下面先介绍手工编程的方法，自动编程将在项目5"复杂零件加工与自动编程"中介绍。

1）绝对值编程与增量编程。

当数控车床编程时，可采用绝对值编程、增量值编程和绝对值增量值混合编程。使用绝对值编程时，其终点位置坐标数据是以工件原点作为起点表示的坐标值。增量编程坐标数据是刀具从当前点到终点的距离。

当使用绝对值编程时，首先设定工件坐标系，并用地址 X、Z 进行编程。如图 2.3 所示，刀具从当前位置 A（X120.0 Z90.0）点快速移动到终点 B 的程序为 G00 X40.0 Z2.0，其中 X、Z 的数值表示终点的绝对值坐标。

当使用增量值编程时，用 U、W 进行编程，如图 2.3 所示，刀具从当前位置 A（X100.0 Z90.0）点快速移动到终点 B 的程序为 G00 U80.0 W-88.0，其中 U、W 的数值表示终点的增量值坐标。

绝对值编程和增量值编程可在同一程序段中混合使用，称为混合编程。如图 2.4 所示，刀具从 A 点移动到终点 B 的程序为 G01 X30.0 W-15.0。

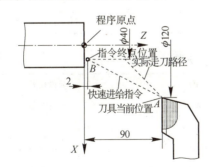

图 2.3 绝对值偏程与增量值编程走刀轨迹

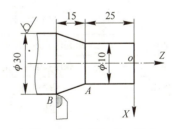

图 2.4 混合编程走刀轨迹

2）直径编程与半径编程。

径向尺寸有直径指定和半径指定两种方法，实际采用的方法要由系统的参数决定。当使用直径值编程时，称为直径编程法；使用半径值编程时，称为半径编程法。零件径向尺寸的标注和测量都是以直径值表示，设备出厂时设定为直径编程（系统默认 G11 指令)。如图 2.4 中 A 点处的外圆直径为 10 mm,因此编程时该点的坐标为 X10。若采用半径编程,则程序中输入 G10 指令,使系统处于半径编程状态,此时 A 点的坐标为 X5。

3) 模态与非模态。

模态是指相应字段的值一经设置,以后一直有效,直到后续的程序段又对该字段的值重新设置。非模态只限定在被指定的程序中有效。

4) 脉冲数编程与小数点编程。

有些指令规定是脉冲数编程,当脉冲当量为 0.001 时,表示一个脉冲运动部件移动 0.001 mm。在程序中,移动距离数值以 μm 为单位,例如:P5000 表示移动 5 000 μm,即移动 5 mm。

有些指令规定是小数点编程,以 mm 为单位。G01 W50 表示移动距离为 50 mm。但有些系统用小数点编程时,不能省略小数点符号,小数点后面的零可以省略。例如 G01 W50.0,不能写成 G01 W50,否则表示移动距离为 0.050 mm,可以写成 G01 W50.。

5) M、S、T、F 功能及单一 G 功能指令。

不同系统的数控车床,其功能指令也不尽相同。

(1) 辅助功能指令。

辅助功能指令又称 M 功能指令或 M 代码,M 指令由字母 M 和两位数字组成,其作用是控制机床或系统的辅助功能动作,如控制冷却装置的开、关,主轴的正、反转,程序结束等辅助功能。表 2.2 为数控车床 GSK980TD 系统常用的辅助功能指令。表 2.3 为数控车床 FANUC 系统常用的辅助功能指令。

表 2.2 数控车床 GSK980TD 系统常用的辅助功能指令

M00	程序停止	M12	程序暂停
M02	程序结束	M30	程序结束并返回程序开头
M03	主轴正转	M92	程序无条件跳转
M04	主轴反转	M98	调用子程序
M05	主轴停止	M99	子程序返回主程序
M08	开冷却泵		
M09	关冷却泵		

表 2.3 数控车床 FANUC 系统常用的辅助功能指令

M00	程序无条件停止	M10	卡盘松开
M01	程序有条件停止	M11	卡盘卡紧
M02	程序结束	M30	程序结束并返回程序开头
M03	主轴正转	M50	误差检测有效
M04	主轴反转	M51	误差检测无效
M05	主轴停止	M52	螺纹退尾功能有效
M08	开冷却泵	M53	螺纹退尾功能无效
M09	关冷却泵	M98	调用子程序
		M99	子程序返回主程序

注:主轴有机械变速的车床,通过 M41、M42、M43、M44 来选择转速。

（2）主轴转速功能指令。

主轴转速功能指令也称为 S 功能指令，其作用是指定车床主轴的转速。GSK980TD 和 FANUC 系统的 S 功能指令的书写格式一致。

指令格式：S□□□ —— 主轴转速（r/min）

例如 M03 S300 指主轴正转，转速为 300 r/min。

①恒线速度控制指令（G96）。在执行恒线速度控制指令时，为确保主轴安全平稳运行，GSK980TD 系统设定用 020 号和 021 号参数分别限制恒线速度控制状态下的主轴最低转速和主轴最高转速。

②恒转速控制指令（G97）。G97 主要是取消恒线速度控制，使主轴保持在恒定转速下运行的状态。此时，在 G97 状态下，S 功能指令所指定的数值表示主轴每分钟的转速（r/min）。

（3）刀具功能指令。

刀具功能指令也称为 T 功能指令。GSK980TD 系统的 T 功能指令与 FANUC 系统的 T 功能指令的书写格式相同。

指令格式：T□□ □□
—— 刀具补偿号（取值 00~32 之间）
—— 刀具编号（取值 01~04 之间）

例如 T0201 表示换为 02 号刀，并执行第 01 号刀具补偿号。

注意：为了对刀方便，建议刀号和刀具补偿号相同。

（4）进给功能指令。

进给功能指令也称为 F 功能指令。FANUC 系统与 GSK980TD 系统的进给功能指令 F 的意义相同。

指令格式：F□□ —— 刀具进给速度

进给速度可用进给量 f（mm/r），也可以用进给速度 v_f（mm/min）。FANUC 系统开机默认 G99 指令，进给单位为 mm/r，如输入 F0.2，表示刀架进给速度为 0.2 mm/r。若要以 mm/min 为进给单位，则需要在程序中输入 G98 指令。GSK980TD 系统开机默认 G98 指令，此时进给单位为 mm/min，如输入 F80，表示刀架进给速度为 80 mm/min。若需要用 mm/r，则在程序中输入 G99。

f（mm/r）和 v_f（mm/min）的换算关系如下。

s 为车床转速，则有进给速度公式

$$v_f = f \cdot s \qquad (式2.1.1)$$

例：当选择每转进给量 $f = 0.2$ mm/r，车床转速 $s = 1\,000$ r/min 时，对应的每分钟进给量为

$$v_f = f \cdot s = 0.2 \times 1\,000 = 200。$$

（5）准备功能指令。

准备功能指令也称为 G 功能指令。GSK980TD 系统的 G 功能指令如表 2.4 所示。

表 2.4 GSK980TD 系统的 G 功能指令

代码	功能	备注	代码	功能	备注
G00	快速定位		G71	外圆粗加工复合循环	—
G01	直线插补		G72	端面粗加工复合循环	—
G02	顺时针圆弧插补		G73	封闭切削循环	
G03	逆时针圆弧插补		G74	端面切槽或钻孔复合循环	—
G04	延时等待		G75	外圆切槽复合循环	
G10	半径编程	模态	G76	螺纹切削复合循环	
G11	直径编程	模态、初态	G90	外径、内径车削循环	模态
G28	自动返回参考点		G92	螺纹切削循环	模态
G32	英制螺纹切削		G94	端面切削循环	模态
G33	公制螺纹切削		G96	主轴恒线速控制状态—开	
G50	坐标系设定	—	G97	主轴恒线速控制状态—关	
G65	宏程序指令	—	G98	每分钟进给量	初态
G70	精加工复合循环	—	G99	每转进给量	

FANUC 系统数据车床的 G 功能指令如表 2.5 所示。

表 2.5 FANUC 系统数控车床的 G 功能指令

代码	功能	备注	代码	功能	备注
G00	快速定位		G59	工件坐标系 6	
G01	直线插补		G65	宏程序指令	
G02	顺时针圆弧插补		G70	精加工复合循环	—
G03	逆时针圆弧插补		G71	外圆粗加工复合循环	
G04	暂停		G72	端面粗加工复合循环	
G20	英制输入		G73	封闭切削循环	
G21	公制输入		G74	端面切槽或钻孔复合循环	
G32	螺纹切削		G75	外圆、内孔切槽复合循环	—
G40	刀尖半径补偿取消		G76	螺纹切削复合循环	
G41	刀尖半径左补偿		G90	外径、内径车削循环	模态
G42	刀尖半径右补偿		G92	螺纹切削循环	模态
G50	工件坐标设定		G94	端面切削循环	模态
G54	工件坐标系 1		G96	主轴恒线速控制状态—开	
G55	工件坐标系 2		G97	主轴恒线速控制状态—关	
G56	工件坐标系 3		G98	每分钟进给量	
G57	工件坐标系 4		G99	每转进给量	初态
G58	工件坐标系 5				

(6) 常用单一 G 功能指令。

①快速定位指令 G00。

快速定位指令 G00 的功能是使刀具以点定位控制方式从当前位置快速移动定位到另一指定目标点，它适用于刀具进行快速定位。

指令格式：G00 X(U)_Z(W)_

其中 X(U)_Z(W)_为刀具目标点的坐标，X、Z 为绝对坐标值，U、W 为相对坐标值。

当执行 G00 指令时，若两个坐标方向需同时定位，则刀具总是先按照短轴长度同时向两个方向快速移动，然后再快速移动长轴的余下长度部分。

例如，如图 2.5 所示，将刀具从 A 点快速移动到 B 点。

输入程序 G00 X40 Z2（绝对坐标编程）

或 G00 U-110 W-98（相对坐标编程）

刀具移动的轨迹如图 2.5 中虚线所示。

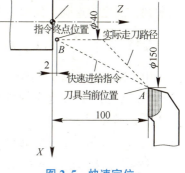

图 2.5 快速定位

②直线插补指令 G01。

直线插补指令 G01 的功能是使刀具从当前位置按指定的进给速度以直线形式移动到目标点。它适用于加工零件的内外圆柱面、内外圆锥面或进行切槽、切断及倒角等操作。

指令格式：G01 X(U)_Z(W)_F_

其中 X(U)_Z(W)_为刀具移动的目标点坐标。

F_为进给速度。F 是模态指令，在操作人员没有指定新的 F 指令之前，原有的进给速度一直有效，因此编程时不必在每个程序段中都写入 F 指令。

例如，车削如图 2.6（a）所示圆柱，长度 60 mm。

……

G01 Z-60 F0.3（绝对坐标编程）或 G01 W-60 F0.3（相对坐标编程）

例：车削如图 2.8（b）所示圆锥表面。

绝对坐标编程：G01 X60 Z-60 F0.3

相对坐标编程：G01 U15 W-60 F0.3

混合坐标编程：G01 X60 W-60 F0.3

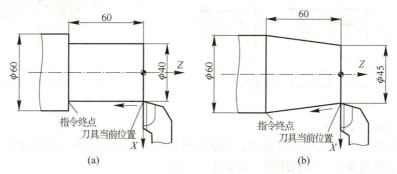

图 2.6 车圆柱、圆锥表面图

(a) G01 指令车圆柱；(b) G01 指令车圆锥

③圆弧插补指令 G02、G03。

GSK980TD 系统与 FANUC 系统的圆弧插补指令 G02、G03 功能、编写格式一致。

圆弧插补指令 G02、G03 使刀具进行圆弧移动，切出圆弧轮廓。圆弧插补有顺圆、逆圆之分，G02 为顺时针圆弧插补指令，G03 为逆时针圆弧插补指令，顺、逆圆弧插补运动的判断方法按右手直角笛卡尔坐标系及右手定则判定。将大拇指指向 X 轴正方向，中指指向 Z 轴正方向，食指指向 Y 轴正方向，观察者逆着 Y 轴正向看，走刀方向绕 Y 轴顺时针转动的为顺圆，反之为逆圆，如图 2.7 所示。

指令格式：$\begin{cases} G02 \\ G03 \end{cases}$ X(U)_Z(W)_ $\begin{matrix} I\_K\_F\_（圆心坐标）\\ R\_F\_（圆弧半径）\end{matrix}$

其中：X(U)_Z(W)_ 为绝对坐标编程状态下圆弧终点坐标；U、W 为增量坐标编程状态下圆弧终点相对圆弧起点的增量值。

R_ 是圆弧半径。

I_K_ 为圆心相对于圆弧起点的坐标增量。

即 I=$X_{圆心}$-$X_{圆弧起点}$，K=$Z_{圆心}$-$Z_{圆弧起点}$，当 I、K 值为 0 时，可以省略。

I、K 和 R 同时给予指令的程序段，以 R 为优先，I、K 无效。

例如，编写如图 2.8 所示的 oAB 圆弧轮廓的精加工程序（O 点为工件坐标系原点）。

程序如下。

……

N100 G00 X0 Z1

N110 G01 Z0 F0.2

N100 G03 X32 Z-16 R16 F0.05

N110 G02 X38 W-3 R3

……

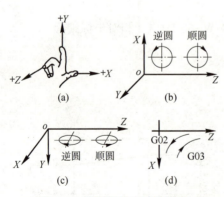

图 2.7 圆弧插补运动的判定

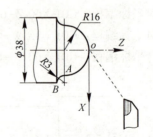

图 2.8 圆弧轮廓的精加工程序

④延时等待指令 G04。

延时等待指令 G04 又称暂停指令，该指令可以使刀具作短时间（几秒钟）的无进给运动，主要用于光整加工、车削环槽、不通孔等场合。

指令格式：G04 P_

其中 P_ 为延时等待时间，单位为 s。

⑤半径编程指令 G10。

用 G10 指令编程的状态为半径编程，所有 X 轴方向的字段值都是半径编程。这些字段包括 X(U)、I、A、P、C 等。

该指令可与其他 G 功能同时出现在一段程序之中。

⑥直径编程指令 G11。

用 G11 指令编程的状态为直径编程，所有 X 轴方向的字段值都是直径编程。这些字段包括 X(U)、I、A、P、C 等。

该指令可与其他 G 功能同时出现在一段程序之中。车床系统初态默认为直径编程状态。

其他 G 功能指令将在后面介绍。

任务 2.2　数控车床空运行及对刀操作

任务描述与分析

如图 2.9 所示的轴类零件，材料 45 钢，毛坯为 $\phi 45 \times 105$ 棒料。编程原点设置在工件右端面中心，试完成精车程序的编写、录入、空运行及完成两把外圆车刀的对刀操作，其中 T0101 为粗车刀、T0202 为精车刀。

计划与决策

用 GSK980TD 系统或 FANUC 系统进行数控车床操作，零件外圆尺寸要求较高，精车刀选用 93°机夹刀。

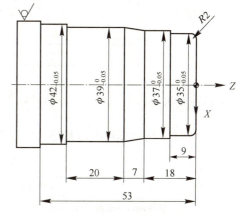

图 2.9　轴类零件

实施

> **小贴士**：生命至上，安全第一。安全生产，重在预防。请按规章制度的要求开展数控车床空运行及对刀操作。

1. 精车程序编写及录入

……（粗车略）
N110 G00 X100 Z100（刀架快速移动到安全点）
N120 T0202 M03 S1000（换 2 号精车刀执行 2 号刀补）

_____
_____
_____
_____
_____
_____
_____
_____

N260 G01 X45（退刀至 $\phi 45$）
N270 G00 X100 Z100（刀架快速移动到安全点）
N280 M30（结束）

> **小贴士**：细节决定成败。请秉持严谨细致的工作态度，严格按操作步骤完成对刀及空运行操作。

2. 空运行

步骤：_____

_____

_____

3. 装工件、装刀（刀架刀号要与程序刀具号一致）

4. 对刀并验证

步骤：_____

_____

_____

检测与评价

按表 2.6 所列模块内容及要求进行评价。

表 2.6　任务评价表

机床编号：		学生姓名：		总得分	
序号	模块内容及要求	配分	评分标准		单项最终得分
1	程序	30	错误程序扣 2 分/处，扣完为止，不倒扣		
2	空运行程序	10	错误步骤扣 2 分/处，未做不得分		
3	安装车刀	20	刀架刀号与程序刀号不一致扣 10 分/刀		
4	对刀操作	30	对刀不正确扣 15 分/刀		
5	5S 管理及纪律 1. 安全文明生产 （1）无违章操作情况 （2）无撞刀及其他事故 2. 机床维护与保养 3. 纪律与态度	10	违章操作、撞刀、出现事故、不按要求维护和保养机床扣 5~10 分/次，违反纪律、学习不积极、没有团队协作精神的扣 2 分/次		

评估与总结

_____

_____

_____

知识链接

1. GSK980TD 数控车床控制面板的操作

GSK980TD 系统操作面板的整体外观如图 2.10 所示。面板分液晶显示（LCD）区、编辑键盘区、页面显示方式区和机床控制显示区等区域，如图 2.11 所示。

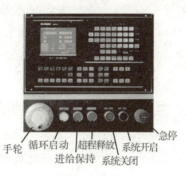

图 2.10　GSK980TD 系统操作面板的整体外观

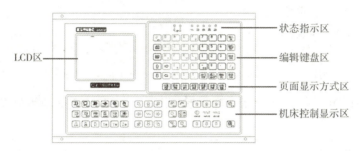

图 2.11　GSK980TD 系统操作面板区域划分

1) 开机。

打开机床电源开关→按 $\boxed{\text{NC ON}}$ 系统开启按钮。接通电源后系统自检、初始化，此时液晶显示器显示如图 2.12 所示。系统自检正常、初始化完成后，显示现在位置（相对坐标）页面，如图 2.13（a）或图 2.13（b）所示。

2) GSK980TD 系统数控车床控制面板的操作。

GSK980TD 系统数控车床控制面板的操作步骤详见附录Ⅰ中 GSK980TD 操作面板说明，这里不做详细介绍。下面主要介绍程序的录入编辑、作图检查程序、建立工件坐标及对刀操作与检查、自动加工。

图 2.12　系统初始化显示页面

(a)

(b)

图 2.13　系统自检完成显示页面

项目 2　数控车床编程基础与基本操作　27

3）程序建立、录入及编辑。

程序的建立、删除和修改等操作需要在编辑操作方式下进行，按程序键 [程序] 进入编辑操作方式。

(1) 程序内容的输入。

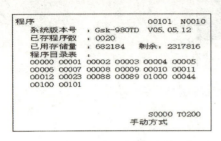

图 2.14　程序目录显示页面

①程序目录的检索。按 [程序] 键，按录入键 [录入] 进入录入方式，通过 [翻页] 键，进入程序目录显示页面。在此页面中，页面以程序目录表的形式显示存储器中所存程序的程序名，如图 2.14 所示，若一页显示不完整所存的程序，可按 [转换] 键查看下一页的程序名。

②建立新程序。按 [编辑] 键进入编辑操作方式，输入新程序名如"O0013"，按 [EOB] 键，即进入输入程序内容的新程序界面。

③调出已存程序。按 [编辑] 键进入编辑操作方式，输入程序名，按 [EOB] 键，即可调出想要的程序。

(2) 程序检索与编辑。

在编辑操作方式下，可进行新建、选择及删除零件程序操作，可以对所选择的零件程序的内容进行插入、修改和删除等编辑操作，还可以通过 RS232 接口与 PC 机的串行口连接，将系统和 PC 机中的数据进行双向传输。具体操作方式可参看附录Ⅱ中的十七、程序编辑。

4）作图方法。

(1) 输入（或调出）程序，并通过空运行检查程序无误。

(2) 刀补清零。在参数刀补界面，将加工程序所用到的车刀全部进行刀补清零。

(3) 图形参数设置。按两次 [设置] 键进入图形页面，通过按 [翻页] 键，找到"图形参数"页面，切换至录入方式，然后根据加工程序的最大 X 值与最小 X 值、最大 Z 值与最小 Z 值进行图形参数设置（可参看附录Ⅰ中的六、设置显示—2. 图形功能）。

(4) 作图。按 [翻页] 键进入"图形显示"页面→切换至自动方式→锁机床→锁辅助功能→按空运行键→键入 S→按循环启动→系统开始绘图。

(5) 观察刀具路径和零件图样形状一致，若不一致则退出，然后进入编辑方式进行程序修改，修改后再次作图。键入 R/V 可清除已绘出的图形。

5）对刀操作。

(1) 工件坐标系的设定。

步骤如下：

①粗车端面。用粗车刀把工件端面车平。

②换精车刀。调出不带刀补的精车刀，设精车刀为 2 号刀 T0200，若当前车刀无刀补时可在手动方式按换刀键换刀，调出 2 号车刀，显示屏上显示 T0200；若当前车刀有刀补（如 T0202）时，则需在录入方式下进入程序界面的 MDI（程序段值，如图 2.15（a）所示）页面输入换刀，具体操作如下：

按 录入 键进入录入方式,按 程序 键(通过按上下 翻页 键)找到 MDI 操作页面。(假设 2 号为精车刀)键入 T0200(不带刀补)→按 输入 键,按 循环启动 键。(如果刀号上显示黄色标记,按下面步骤删除黄色→键入 G00→按 输入 键,键入 W0→按 输入 键、键入 U0→按 输入 键,按 运行 键。)

③Z 坐标的设定。按 手动 键,启动主轴,移动车刀精车工件端面,车刀沿 X 方向退出(Z 方向不动,如图 2.15(b)所示),按 录入 键进入录入方式,按 程序 键并按 翻页 键进入 MDI(程序段值)操作页面键入 G50→按 输入 键,键入 Z0→按 输入 键,按 运行 键。按 位置 键(翻页)在相对坐标值界面,按 W 键,见闪烁,按 取消 键。

④X 坐标的设定。按 手动 键移动车刀车削一段外圆表面后车刀沿 Z 向退出,停止主轴,测量已车工件直径 φD,按 程序 键并按上下 翻页 键进入 MDI 操作页面键入 G50→按 输入 键,键入 XD(D 为刚才试车的直径值)→按 输入 键,按 运行 键。按 位置 键(翻页)在相对坐标值界面,按 U 键,见闪烁,按 取消 键。

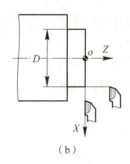

(a)　　　　　　　　　　　(b)

图 2.15

(a) MDI 界面;(b) 试车

(2) 其他车刀对刀操作。

定点对刀法如下。

①在刀补界面把所有车刀刀补清零。按 刀补 键,光标移至对应刀补号,键入 X,点输入;键入 Z,点输入,完成刀补清号。

②非基准刀建立刀补。

换刀。在手动方式下将刀架移至安全换刀位置,换出其他车刀(不带刀补,如当前车刀无刀补时可用手动方式换刀,如有刀补时则需在录入方式下进入程序界面输入进行换刀,如输入 T0100,换 1 号刀)。

建立 Z 向刀补:把刀尖移至接触工件端面(如图 2.16 中 A 点位置)→按刀补键→把光标移至当前刀偏号,键入 W 键→按输入键。此时系统自动计算 Z 向刀补值并设定。

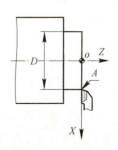

图 2.16　对刀方法

建立 X 向刀补。移动车刀使刀尖轻触试车过的外圆→把光标移至当前刀偏号参数位置→键入 U→按输入键。此时系统自动计算 X 向刀补值并设定。

若有多把车刀，其对刀方法相同。

试切对刀法如下。

设定工件坐标后换其他车刀（不带刀补）。在手动方式下（或录入、手轮方式），操作如下：

①刀尖在外圆试车对刀，按 刀补 键→把光标移到相应的刀补号上，键入 XD（D 为刚才试车的直径值）→ 按 输入 键、此时系统自动计算 X 向刀补值并设定。

②移动车刀到端面试车对刀，按 刀补 键→把光标移到相应的刀补号上，键入 Z 0→按 输入 键、此时系统自动计算 Z 向刀补值并设定，即完成了这把车刀的对刀。

（3）定点检查对刀状态正确。

①移动车刀至安全位置，按 录入 键进入录入方式，按 程序 键（必要时再按上下 翻页 键）进入 MDI 操作页面。（在录入方式下换带刀补的车刀）例如换 1 号车刀带刀补，则键入 T0101→按 输入 键→按 循环启动 键→键入 G01→ 按 输入 键、键入 Z100→ 按 输入 键、键入 XD（D 为刚才试车的直径值）→按 输入 键、键入 F 200→按 输入 键，按 运行 键。运行结束后检查刀具与工件端面距离等于 100，若不相等则说明 Z 向对刀操作错误。

②启动主轴，沿 Z 方向移动车刀至试车的外圆表面，检查刀具与工件外圆重合，若不重合即说明 X 方向对刀操作错误。

其他车刀（T0202\T0303……）检查方法相同，检查无误方可运行加工，否则重新进行对刀操作。

> **注意：** 对好刀后不能再按机床锁进行空运行（或作图），空运行后前面的对刀操作无效。所以，作图检查程序无误后，再进行对刀操作。若先进行对刀操作再作图检查，因作图时机床锁定，前面设计的工件坐标与对刀数据无效，此时执行加工将产生撞刀事故。

6）自动运行加工。

输入程序检查无误后进行对刀操作，并检查刀补正确后，方可自动运行车削加工。

（1）自动运行的启动。

把光标置于程序开头，按 自动 键进入自动操作方式→按 循环启动 键或 运行 键，开始自动运行加工。

（2）单段运行。

在自动运行之前，为安全起见可选择单段程序运行。

按 自动 键进入自动操作方式，按 单段 键，其指示灯亮表示已进入单段运行状态。当单段运行时，每执行完一个程序段后程序停止运行，继续运行需再按循环启动键或运行键，直至程序运行完毕。

> **注意：** 程序的运行是从光标所在程序段开始的，如果需要程序从起始段开始运行，在编辑操作方式下按 复位 键，光标自动跳至程序起始段。

(3) 自动运行的停止。

在自动运行中，如果需要中途停止运行。方法一是在程序中加指令（M00）；方法二是按 进给保持 键、复位 键或 急停 按钮。

①程序指令停止（M00）。含有 M00 的程序段执行后，停止自动运转，模态信息全部被保存起来。按 运行 键后，程序继续执行。

②按 暂停（进给保持）键。在自动运行中按 暂停 键后，机床呈下列状态。

机床进给减速停止。

在执行暂停（G04 指令）时，继续暂停。

其余模态信息被保存。

按 运行 键后，程序继续执行。

按复位键。

按 急停 按钮。

(4) 从任意段自动运行。

根据加工需要，程序可以从任意段开始运行。具体操作步骤如下：

①按 编辑 键进入编辑操作方式，按 程序 键进入程序页面显示，按上下 翻页 键选择程序显示方式。

②按 光标移动 键移动光标至将要开始运行的程序段（特别指出跳段运行前，主轴必须运转、刀具已执行了刀补）。

③确认刀具当前坐标为将要运行程序段的上一程序段结束的位置（如果将要运行的程序段是绝对值编程，而且是 G00/G01 指令，则不需要确认当前坐标）。

④如果将要运行的程序段是换刀程序，需要确保能安全换刀。

⑤按 手动 键进入手动操作方式启动主轴及其他辅助功能。

⑥按 自动 键进入自动操作方式。

⑦按 运行 键自动运行程序。

(5) 暂停或进给保持后的运行。

在自动运行时通过指令暂停或按 进给保持 键使程序暂停后，按 运行 键或 循环启动 按钮继续自动运行。

7）MDI 运行。

(1) MDI 指令段输入。

例如从 MDI 界面输入程序段 G50 X50 Z100，其操作步骤如下。

①按 录入 键进入录入操作方式。

②按 程序 键（必要时再按上下翻页键）进入 MDI 界面。

③键入 G50→按 输入 键，可以看到 G50 已显示在页面上，此时页面显示如图 2.17 所示。

④键入 Z100→按 输入 键，此时 Z100 已显示在页面上。

⑤键入 X50→按 输入 键，此时 X50 已显示在页面上。

执行完上述步骤③~⑤操作之后，显示页面如图 2.18 所示。

```
程序                    O0101  N0000
（程序段值）             （模态值）
G50  X                   F
     Z                   G00   M
     U                   G97   S
     W                         T
     R                   G96
     F                   G98
     M                   G21
     S                   SRPM  0000
     T                   SSPM  0000
     P                   SMAX  9999
     Q                   SACT  0000
                         S0000 T0200
地址                     录入方式
```

图 2.17 键入 G50 显示页面

```
程序                    O0101  N0000
（程序段值）             （模态值）
G50  X    50.000         F
     Z   100.000         G00   M
     U                   G97   S
     W                         T
     R                   G96
     F                   G98
     M                   G21
     S                   SRPM  0000
     T                   SSPM  0000
     P                   SMAX  9999
     Q                   SACT  0000
                         S0000 T0200
地址                     录入方式
```

图 2.18 输入程序段显示页面

（2）MDI 指令段修改与清除。

按循环起动键前，如指令段输入有错，可按取消键取消输入；若输入完毕发现错误，可重新输入正确内容或按复位键清除所有输入内容。

8）手轮/单步操作。

（1）单步进给。

将状态参数 No.001 的 Bit3 设置为 0，按 手轮 键进入单步操作方式，此时显示页面如图 2.19 所示。

①移动增量的选择。

按 0.001 、0.01 、0.1 键，选择任意一个移动增量。如按 0.1 键，显示页面如图 2.20 所示。

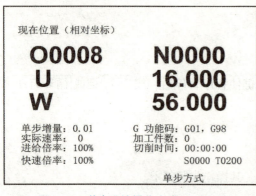

图 2.19 单步进给操作方式显示页面

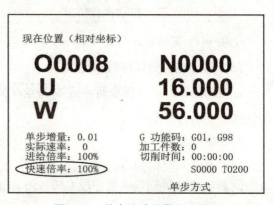

图 2.20 单步移动增量显示页面

②移动轴及移动方向的选择。此操作与手动点动进给操作相同。

（2）手轮进给。

设置状态参数 No.001 的 Bit3 为 1，按 手轮 键进入手轮操作方式。此时显示页面如图 2.21 所示。

①移动量的选择：按 ⬜、⬜、⬜ 键中的任意一个选择移动增量，移动增量会在页面上显示。如按 ⬜ 键，显示页面如图 2.22 所示。

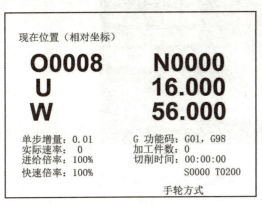

图 2.21　手轮操作方式显示页面

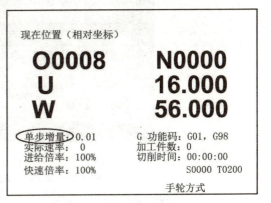

图 2.22　手轮移动增量显示页面

②移动轴及方向的选择。在手轮操作方式下，按手轮轴选择键 X 或 Z，现在位置（相对坐标）显示页面中地址 U 或 W 闪烁，如按下 X 键后，显示页面中出现了手轮方式 X 轴，如图 2.23 所示。

手轮控制进给方向由手轮旋转方向决定，具体见机床制造厂家说明。一般来说，手轮顺时针旋转方向为正方向，逆时针旋转方向为负方向。

其他功能操作请参照附录Ⅰ。

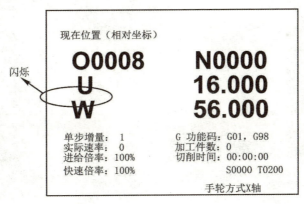

图 2.23　手轮移动轴显示

2. FANUC 系统数控车床控制面板的操作

1）FANUC Series 0i Mate-TD 系统操作面板。

FANUC Series 0i Mate-TD 系统操作面板外观如图 2.24 所示。面板主要分为 3 大区域：液晶（LCD）显示区、编辑键盘区和机床控制区。

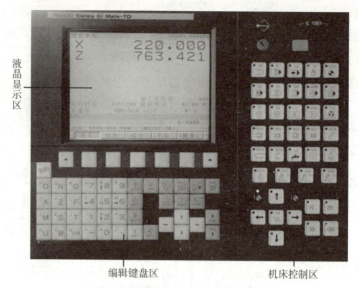

图 2.24　FANUC Series Oi Mate-TD 系统数控车床操作面板外观

（1）液晶显示区域。

FANUC Series Oi Mate-TD 系统操作面板的液晶（LCD）显示区域如图 2.25 所示，显示区域下方有一排白色的按键，称为软键。每个按键的功能与显示区域下方文字相对应，最左侧带有向左箭头的软键为菜单返回键，最右侧带有向右箭头的软键为菜单继续键。

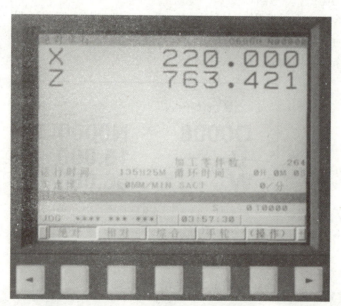

图 2.25　FANUS Series Oi Mate-TD 系统数控车床操作面板的液晶显示区域

（2）编辑键盘区域。

图 2.26 所示为编辑键盘区域，按键名称及功能说明如表 2.7 所示。

图 2.26 编辑键盘区域

表 2.7 按键名称及功能

按键名称	按键图标	功能描述
复位键	RESET	按此键可以使所有操作停止，返回初始状态或解除报警等
数字/字母键	（键盘图）	数字/字母键用于输入数字或字母，输入时系统自动识别输入的是数字还是字母
换行键	EOB	按此键结束数据的输入并且换行，生成";"
上档键	SHIFT	当某些数字/字母键具有两个字符时，用于两个字符之间的切换并输入字符
输入键	INPUT	按此键把数据输入到缓冲器并显示于页面上。它与软键中的［输入］键等效
修改键	ALTER	在编辑程序时，按此键替换光标所在位置的程序上的字
插入键	INSERT	在编辑程序时按此键插入程序字，在录入（MDI）方式下输入指令
删除键	DELETE	在编辑程序时，按此键删除光标所在行的数据或删除程序
取消键	CAN	按此键取消最后一个输入程序的字符或符号
位置显示键	POS	按此键显示当前坐标页面
程序显示键	PROG	按此键显示程序页面
刀具偏置/设定键	OFS/SET	按此键显示刀具偏置/设定页面
系统参数键	SYSTEM	按此键显示系统参数页面

续表

按键名称	按键图标	功能描述
信息显示键	MESSAGE	按此键显示信息页面
图形显示键	CSTM GRPH	按此键显示刀具轨迹图形
帮助键	HELP	当对机床操作不明白或在 CNC 发生报警时,按下此键可以获得帮助
光标移动键	↑ ← → ↓	在修改程序或参数时,用于控制光标按箭头指示方向移动
向前翻面键	PAGE ↑	将屏幕显示的页面往前翻页
向后翻页键	PAGE ↓	将屏幕显示的页面往后翻页

(3) 机床控制区域。

图 2.27 所示为 FANUC Series 0i Mate-TD 系统数控车床操作面板的机床控制区域。区域内按键的功能如表 2.8 所示。

图 2.27 机床控制区域

表 2.8　机床控制区域按键功能表

按键名称	按键图标	功能描述
编辑键	编辑	按下此键进入编辑运行方式
录入（MDI）键	MDI	按下此键进入录入（MDI）运行方式
自动键	自动	按下此键进入自动运行方式
手动键	手动	按下此键进入手动运行方式
返参考点键（机械回零）	返参考点	按下此键可以进行返回机床参考点操作（即机床回零）
单段键	单段	按下此键进入单段运行方式。再按一次取消单段运行方式
跳步键	跳步	按下此键当程序运行到有跳步符号的程序段时，则跳步运行
选择停键	选择停	如果要中途停止，按下此键进入暂停状态
机床锁住键	机床锁住	按下此键断开进给控制信号，机床进给锁住。再按一次取消锁住机床
空运行键	空运行	按下此键系统空运行，常用于检验程序。再按一次取消空运行状态

续表

按键名称	按键图标	功能描述
手轮 X/Z 键		用手轮移动刀架时，选择相应的移动轴
主轴正转键 主轴停止键 主轴反转键		按下相应的键主轴正转、停止、反转。此前若未指定主轴转速和转向，需在 MDI 方式下指定，否则主轴将不能转动
主轴点动键		按一下此键主轴就转动一下，使安装在主轴卡盘上的工件定位于某一角度
导轨润滑键		按下此键油泵启动并润滑导轨。再按一次油泵停止工作
冷却键		按下此键冷却泵启动，再按一次冷却泵停止工作
手动选刀键		按下此键刀架则转过一个刀位
刀架进给选择开关键		用于选择刀架进给的轴和方向。按下相应的键，刀架按箭头方向移动。其中 ↓为 X 轴正方向；↑为 X 轴负方向；→为 Z 轴正方向；←为 Z 轴负方向；∼为快速进给选择
快速倍率选择键		当刀架移动选择快速（∼）时，可在倍率为 F0、25%、50%、100% 4 档当中自由选择快速倍率

(4) 机床其他按钮开关。

表 2.9 为 FANUC Series 0i Mate-TD 系统的机床其他按钮开关及功能。

表 2.9 机床其他按钮开关及功能

按键名称	按键图标	功能描述
系统电源开关键		按下绿色按钮，接通 CNC 电源；按下红色按钮，断开 CNC 电源。
程序写保护开关键		此开关用于保护程序不被修改
循环启动键 进给保持键		在自动方式或 MDI 方式下，按"循环启动"按钮，程序运行开始；按"进给保持"按钮，程序运行暂停，再按"循环启动"则从暂停的位置开始执行
进给倍率旋钮键		用于调整手动进给或自动加工时进给速度的倍率
主轴倍率旋钮键		用于调节主轴转速，调节范围 50%～120%
手摇脉冲 发生器键（手轮）		摇动手摇脉冲发生器，可控制机床相应坐标轴的移动
急停开关键		逆时针旋转此旋钮，可使机床紧急停止，断开机床主电源。主要应付突发事件，防止事故发生。解除急停时顺时针旋转此旋钮，系统重新复位

项目 2　数控车床编程基础与基本操作

2）FANUC Series 0i Mate-TD 系统数控车床基本操作方法。

（1）开机与关机。

开机前首先检查机床的状态，检查"急停"按钮状态为松开。检查机床状态正常后，先将机床主电源开关置于"ON"挡位，再按操作面板的绿色电源开关按钮，系统上电并自检，液晶显示器（LCD）出现位置显示页面。若接通电源时有报警产生，则显示出报警页面。

关机时，须确认机床的运动全部停止，然后按下系统电源开关的红色按钮关闭系统，再将机床主电源开关置于"OFF"挡位，关闭机床电源。

（2）返回参考点。

返回参考点又称"回零"操作。参考点是数控机床的某一特定位置，通常可在该位置进行换刀或设定坐标。当机床开机后，首先应进行车床各轴返回参考点的操作，以便建立机床坐标系，其操作方法有以下两种。

①手动操作。按操作面板上的 返参考点 键，按 $+X$ 轴 ↓ 键，则 X 轴返回至 X 参考点，并且 X 轴指示灯亮；再按 $+Z$ 轴 → 键，则 Z 轴返回至 Z 参考点，并且 Z 轴指示灯亮。

注意：为了保证安全，防止刀架与尾座相撞，在返回参考点时应先回 X 轴，再回 Z 轴。

②MDI 操作。按 MDI 键，进入 MDI（录入）运行方式，按 PROG 程序键，输入"G28 U0 W0;"（";"要按 EOB 键才能键入），按 INSERT 插入键，按 循环启动 按钮即可。在执行该指令时，一般应取消刀具偏置补偿和刀尖半径补偿。

（3）手动操作。

①手动进给。按操作面板上的 手动 键，进入手动运行方式。选择要移动的坐标轴，按 X 轴 ↓、↑ 键或按 Z 轴 →、← 键，则刀架在所选择的相应坐标轴移动。同时按 快速 键，刀架则快速移动。按 F0、25%、50%、100% 键，可选择不同的快速倍率。

②手轮进给。应用手摇脉冲发生器选择 X 轴或 Z 轴，或按操作面板上的 手轮X 或 手轮Z 键。按住手摇脉冲发生器开关，并转动手轮，实现手轮进给，刀架按所选择的相应坐标轴方向移动。

注意：在进行手动进给、手轮进给操作时，按 F0、25%、50%、100% 键，可选择不同的进给速度。其中选择 F0 时，手轮每转动一格相应的坐标轴移动 0.001 mm；选择 25% 时，手轮每转动一格相应的坐标轴移动 0.01 mm；选择 50% 时，手轮每转动一格相应的坐标轴移动 0.1 mm；选择 100% 时，手轮每转动一格相应的坐标轴移动 1 mm。

③主轴控制。按操作面板上的 手动 键。按 主轴正转 键或 主轴反转 键，机床主轴正转或反转，按 主轴停止 键机床主轴停止。按住 主轴点动 键，机床主轴旋转，松开按键，主轴则停止旋转。

在主轴旋转过程中，可以通过 主轴倍率 旋钮调节主轴转速，调节范围 50%~120%。程序在自动运行过程中，根据需要随时对程序中指定的主轴转速进行调节。

> **注意**：开机后，应在 MDI 方式下，输入主轴转速指令（例如 M03 S500;）启动主轴。具体操作：按 MDI 录入键，按 PROG 程序键，输入"M03 S500;"，按 INSERT 插入键，按 循环启动 按钮即完成了主轴初始转速的设定。

④手动选刀操作。按操作面板上的 手动 键。按 手动选刀 键，每按一次，刀架转过一个刀位。

(4) MDI 操作。

MDI 方式也叫录入方式，用操作面板的编辑键盘直接输入指令或程序段后，数控系统根据该指令或程序段执行相应的操作。具体操作如下。

①按操作面板上的 MDI 键，进入 MDI 运行方式。

②按 PROG 程序键，屏幕出现 MDI 显示页面，如图 2.28 所示。

③输入指令或某一程序段，按 EOB 换行键，再按 INSERT 插入键。

④按 循环启动 按钮执行输入的指令或程序段。

⑤按 RESET 复位键可以清除输入的数据。

(5) 程序的创建与编辑。

以下操作需要在编辑方式、程序被打开的情况下才能进行。

图 2.28　MDI 运行方式显示页面

①程序的创建。按机床操作面板上的 编辑 键，再按 PROG 程序键，屏幕出现程序显示页面。键入地址字母 O 及程序号（四位数），按 INSERT 插入键，按 EOB 换行键，按 INSERT 插入键，完成新建程序名，屏幕显示新建立的程序名和结束符%，这时可以输入程序内容。输入的新程序名不能与已有的程序名相同。输入程序段内容，每一个程序段输入结束后按 EOB 换行键，再按 INSERT 插入键。

②程序的检索。按 编辑 键，按 PROG 程序键。输入程序名，按 检索 软键（或按光标移动 ↓ 键）。检索结束时，如果程序存在，则在屏幕上显示所检索的程序。

③字的检索。按 操作 软键。按最右侧带有向右箭头的软键，直到出现 检索。输入需要检索的字，例如，要检索 M03，则输入 M03。按 检索 软键。带向下箭头的检索键为从光标所在位置开始向程序后面检索，带向上箭头的检索键为从光标所在位置开始向程序前面进行检索。找到目标字后，光标在该字上。

④光标跳到程序开头。当需要将光标置于程序开头，其方法如下。

方法一：按下 RESET 复位键，光标即可返回到程序开头。

方法二：连续按软键最右侧带向右箭头的继续软键，直到出现 REWIND，按下该

REWIND 软键，光标即可返回到程序开头。

⑤字的插入。使用光标移动键，将光标移到需要插入的位置，插入的内容在光标之后。键入要插入的字或数据，按插入 INSERT 键。

⑥字的替换。使用光标移动键，将光标移到需要替换的字符上。键入要替换的字或数据。按下 ALTER 修改键。光标所在的字符被替换，同时光标移到下一个字符上。

⑦字的删除。使用光标移动键，将光标移到需要删除的字符上。按下 DELETE 删除键，光标所在的字符被删除，同时光标移到被删除字符的下一个字符上。

⑧程序的删除。按 编辑 键，进入编辑方式。按 PROG 程序键，键入程序名"O×××× ×"，选择要删除的程序。按 DELETE 删除键，"O××××"程序被删除。删除全部程序，键入"O-9999"，按 DELETE 删除键，全部程序被删除。

⑨后台编辑。按 自动 键，进入自动方式。按 PROG 程序键，按 BG-EDIT 键，进入后台编辑功能页面进行程序的编辑。

（6）数据的显示与设定。

①位置显示。位置显示是显示当前刀具的坐标位置，按 POS 位置键进入位置页面显示，有3种方式，分别是绝对坐标显示、相对坐标显示和综合坐标显示。通过相应软键来选择所要显示的页面，如图2.29所示。

②刀具偏置量的设置。刀具偏置一般用于对刀或留加工余量时的设置。

按 OFFSET/SETTING 刀具偏置设定键。按软键 刀偏 、再按 形状 键，屏幕上显示偏置形状页面，如图2.30所示。移动光标到需要设置的相应刀具偏置号（G×××）的 X 轴或 Z 轴上。输入一个刀具偏置值并按下 INPUT 输入键或按 输入 软键，就完成了刀具偏置的设置。

图2.29 位置显示页面

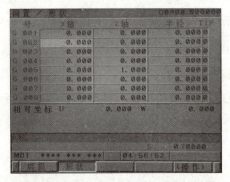

图2.30 偏置形状页面

③刀具补偿量的设置。在加工过程中，如果刀具磨损还没有达到需更换新刀的要求，但会引起零件加工尺寸变化，则可根据尺寸测量结果设置刀具补偿量。具体操作方法如下。

按 OFFSET/SETTING 刀具偏置设定键。按软键 刀偏 、再按 磨损 键，屏幕上显示偏置磨损页面，如图2.31所示。

移动光标到需要设置的相应刀具偏置号（W×××）的 X 轴或 Z 轴上。输入补偿值（注意正负之分）并按 INPUT 输入键或按 输入 软键即完成刀具补偿量的设置。

注意：按 INPUT 输入键或按 输入 软键，属于覆盖性的输入，后一次输入的值可把前一次输入的值覆盖住；而按 +输入 软键，属于叠加性的输入。

④工件坐标原点偏移。尺寸的控制，可以通过偏移坐标的方法来实现。具体操作方法如下。
按 OFFSET/SETTING 刀具偏置设定键。
按 坐标系 软键，屏幕上显示工件坐标系设定页面，如图 2.32 所示。

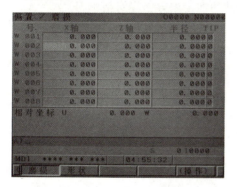

图 2.31 偏置磨损页面

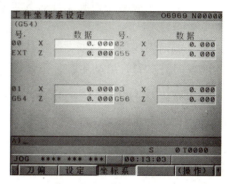

图 2.32 工件坐标系设定页面

将光标移动到相应坐标轴上。例如，要设定 G54 X80. Z50.，首先将光标移到 G54 的 X 轴。使用数字键输入数值"80."，然后按 INPUT 输入键或按 输入 软键。将光标移到 Z 值上，输入数值"50."，然后按 INPUT 输入键或按 输入 软键。

⑤参数设置。按 SYSTEM 参数键，屏幕上显示参数页面（也可以通过按 参数 软键显示），通过 PAGE 翻页键找到相关的参数，如图 2.33 所示。

将光标移至要设置的参数位置，输入设置的数值，按 INPUT 输入键。

注意：在设定参数前，须按 OFFSET/SETTING 键，在此功能下按 设定 软键，"写参数"为"1"才能修改参数，如图 2.34 所示。

图 2.33 参数设置页面

图 2.34 "写参数"页面

项目 2　数控车床编程基础与基本操作　43

(7) 对刀操作。

对刀是数控加工的重要操作，目的是确定刀具和工件的相对位置。因为安装的刀具位置和设置的程序原点都可能有变化，所以一般在安装刀具和更换零件以及停电以后都要求对刀操作。在数控车床上最常用的对刀方法为试切对刀法。

①机械回零的试切对刀法。

对刀前要求。首先将所有车刀在 MDI 方式下的刀偏号改为"00"，如"T0100"；再分别在刀具"偏置形状"页面与"偏置磨损"页面上将刀偏量与磨损量（均简称"刀补"）清零；最后返回机床参考点（机械回零），回零后，应将 U、W 相对坐标清零。

按要求安装相应的车刀和工件。为了减少零件的加工误差，先对精车刀。

a. 对精车刀。

以车外圆对刀为例，例如，2 号刀为精车刀。

Z 轴方向的对刀。启动主轴，手动车平工件端面，刀尖在 Z 轴方向不动，只沿+X 方向退刀，停主轴，按 OFFSET/SETTING 键进入刀具偏置设定页面，按软键 刀偏 、按 形状 ，移动光标到偏置号为 G002 的 Z 偏置位置上，输入"Z0（或工件总长）"，按 测量 键，则该车刀的 Z 轴对刀完成。

X 轴方向的对刀。启动主轴，车一刀外圆，刀尖在 X 轴方向不动，只沿+Z 轴方向退刀，停主轴，测量工件直径（假设测得直径为 ϕ48.15 mm），然后按 OFFSET/SETTING 键进入刀具偏置设定页面，按软键 刀偏 、按 形状 ，移动光标到偏置号为 G002 的 X 偏置位置上，输入"X48.15"，按 测量 键，则该车刀的 X 轴对刀完成。

b. 对其他车刀。

启动主轴，不带刀偏号换另一把车刀，移动该车刀，让刀尖轻轻接触式切过外圆，并保持 X 轴方向不动，只沿 Z 轴方向移动到端面位置。

按 OFFSET/SETTING 键进入刀具偏置设定页面，按软键 刀偏 、按 形状 ，移动光标到当前车刀刀号与刀偏号相应的 X 偏置位置上，输入同样的试切直径值（例如"X48.15"），按 测量 键，再移动光标到该车刀的 Z 偏置位置上，输入"Z0（或工件总长）"，按 测量 键，则完成该车刀的对刀。

对于机械回零对刀，当机床断电后，重新上电运行加工程序之前，只要工件和刀具的位置不变，只需进行一次机械回零便可执行加工。

②G50 设置坐标的试切对刀法。

首先把所有车刀刀偏号改为"00"（例如"T0100"），再进入刀具偏置设定页面将刀补清零。

a. 设置工件坐标。以车外圆对刀为例，用 2 号精车刀设置坐标。

首先启动主轴，用精车刀车一刀工件端面，刀尖在 Z 轴方向不动，只沿+X 方向退刀到外圆边缘处，W 清零；接着车一刀外圆，刀尖在 X 轴方向不动，只沿+Z 方向退刀到 W0 处，再把 U 清零。

车刀处在 U0、W0 处不动，停主轴，测量外圆直径（假设测得直径为 ϕ48.15 mm）。

按 MDI 录入键、按 PROG 程序键，输入"G50 X48.15 Z0（或工件总长）；"按 INSERT

插入键、按 循环启动 按钮，完成工件坐标设定。

b. 对其他车刀。换另一把车刀（不带刀偏号），启动主轴，移动该车刀，让刀尖轻轻接触试切过的外圆，并保持 X 轴方向不动，只沿 Z 轴方向移动到端面位置。

首先按 OFFSET/SETTING 键进入刀具偏置设定页面，按软键 刀偏 、按 形状 键，移动光标到当前车刀刀号与刀偏号相应的 X 偏置位置上，输入同样的试切直径值（如"X48.15"），按 测量 键；再移动光标到该车刀的 Z 偏置位置上，输入"Z0（或工件总长）"，按 测量 键，则完成该车刀的对刀。

③检查对刀的正确性。

车刀执行刀补。如检查 1 号刀，移动车刀来到安全换刀区域，按 MDI 录入键、按 PROG 程序键，输入"T0101;"，按 INSERT 插入键、按 循环启动 按钮，进行换刀和执行刀补。

在 MDI 方式下输入"G00 XαZβ;"（其中 α 表示对刀时工件的试切直径值，β 一般为大于 50 的任意整数），按 INSERT 插入键、按 循环启动 按钮。

切换为手动方式，启动主轴，X 轴方向不动，只在 Z 轴方向上移动车刀向工件接触，同时观察屏幕绝对坐标，当 Z 坐标为"0（或工件总长）"时，查看刀尖刚好碰到工件外圆和端面。

判断。如果刀尖刚好碰到工件外圆和端面，说明对刀正确；否则不正确，需要重新对刀。

(8) 自动运行操作。

①运行程序的选择。编制好的零件加工程序存储在数控系统的存储器中，调出方法如下。

按 编辑 键，进入编辑方式。按 PROG 程序键。按屏幕下方的 DIR 软键，屏幕上显示已经存储在存储器里的加工程序列表，选择要执行的程序。

按地址键 O。按数字键输入程序号。按屏幕下方的 检索 软键（或按向下光标移动 ↓ 键）。这时被选择的程序就被打开显示在屏幕上。

②自动运行的启动。自动运行前必须编辑好零件加工程序，正确安装工件和刀具，并严格进行对刀操作。

选择程序。调整主轴倍率和进给倍率，将主轴倍率旋钮和进给倍率旋钮旋到合适的档位上。

按 自动 键，选择自动操作方式。按 循环启动 按钮启动程序，程序自动运行。

运行的程序是从光标所在程序段开始的，在按下 自动 键前要检查光标停在需要运行的程序段上。若要从起始段开始运行，而光标不在起始段，则可在编辑操作方式下按 复位 键复位，再按 自动 键进入自动操作方式后按 循环启动 按钮自动实现程序运行。

③自动运行的停止。在自动运行中，由于某些原因可能需要将自动运行的程序停止，可以采取以下 3 种方法。

第1种按 进给保持 按钮使其停止。第2种预先在程序中输入 M01 指令,并运行程序前先按下 选择停止 键,当程序运行遇到 M01 时停止。第3种预先在程序中编入 M00 暂停指令,当程序运行该指令时则停止。

不管选择哪种停止方法,程序停止后再按 循环启动 按钮后,程序继续运行。

④从任意段自动运行。在某些特定的情况下,需要从程序的某一程序段开始运行。具体操作步骤如下。

按 编辑 键进入编辑操作方式,按 PROG 程序键进入程序页面显示,按上下 PAGE 翻页键选择所要运行的程序段。按上下 光标 键移动光标至将要运行的程序段。确认当前的坐标点为将要运行的程序段的上一程序段运行结束位置(如果将要运行的程序段是绝对编程,而且是 G00/G01 运动,就无需确认当前的坐标点)。如果将要运行的程序段是换刀,需要确保能安全换刀。按 手动 键进入手动方式启动主轴及其他辅助功能。按 自动 键进入自动操作方式。连续按两次 循环启动 按钮自动运行程序。

⑤空运行。在自动运行程序前,为防止因数据输入错误等原因造成的不良后果,利用机床空运行功能进行程序检验。

选择待验证的加工程序,按 RESET 复位键,让光标处于程序开头。按 自动 键进入自动操作方式。按 机床锁住 键锁住机床辅助功能。按 空运行 键进入空运行状态。按 循环启动 按钮自动运行程序。

在空运行过程中,如果程序有错误,则运行停止,并在屏幕上提示错误信息;如果程序运行通过,应按一次 机床锁住 键解除机床锁。

⑥加工程序图形模拟。编制好的加工程序,可以通过屏幕模拟作图查看刀具的加工轨迹及工件加工形状,其操作方法如下。

选择待验证的加工程序,按 RESET 复位键,让光标处于程序开头。按 CUSTOM/GRAPH 图形显示键,进入图形参数设置页面,如图 2.35 所示。

按 参数 软键,进行图形参数设置。按 图形 软键,进入刀具路径模拟作图页面,如图 2.36 所示。

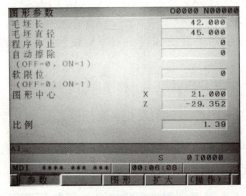

图 2.35 图形参数设置页面

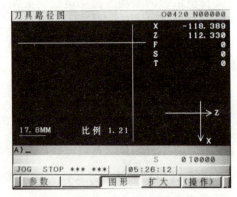

图 2.36 刀具路径模拟作图页面

依次按 机床锁住 → 空运行 → 自动 键。按 循环启动 按钮，开始作图。作图结束后，按 "T" 键，按 擦除 软键，可将图形擦去。

⑦单段运行。在自动运行之前，为了安全起见可选择单程序段运行。

按 自动 键进入自动操作方式，按 单段 键进入单段运行状态，按 循环启动 按钮执行单段运行。在单段运行状态时，每执行一个程序段后系统停止运行，继续执行程序需再次按下 循环启动 按钮，如此反复直至程序运行完毕。

（9）安全操作。

在加工过程中，由于程序错误、对刀操作不正确、数控系统故障或机床机械故障等原因，可能会出现一些意想不到的结果，此时，必须使机床立即停止运行，以确保人身、设备安全。

①复位操作。当系统出现异常情况、坐标轴异常动作时，按 RESET 复位键后，系统处于复位状态，所有坐标轴运动停止，主轴功能 S、辅助功能 M 输出无效，自动运行结束，模态 G 功能信息保存。

②急停。在自动加工过程中，一旦出现危险，如工件松动、撞刀、扎刀或崩刀等情况，要立即按下 急停 按钮，让系统停止运行。此时机床的主轴旋转、刀具进给运动等也全部停止。顺时针旋转 急停按钮 松开后，急停状态解除，可进行手动操作。待查明原因，排除故障后，应重新执行返回参考点的操作以确保坐标位置的正确。

【数控车床基本操作教学视频】

FANUC 0I-TD 系统——
数控车床基本操作

数控车床对刀操作——
以 FANUC 0I-TD 系统为例

职业技能鉴定理论测试

一、单项选择题（请将正确选项的代号填入题内的括号中）

1. 在程序运行过程中，将 进给保持 键按下时，机床处于（　　）状态。
   A. 复位　　　　　B. 中止运行　　　C. 暂停程序运行　　D. 保持恒定进给速度
2. G99 F0.2 的含义是（　　）。
   A. 进给 0.2 m/min　　　　　　　　B. 进给 0.2 mm/r
   C. 转速 0.2 r/min　　　　　　　　D. 进给 0.2 mm/min
3. 要使机床单段程序运行，在（　　）键按下时才生效。
   A. 自动　　　　　B. 单段　　　　　C. 跳段　　　　　　D. RESET
4. 在面板中输入程序段结束符的键是（　　）。
   A. CAN　　　　　B. POS　　　　　C. EOB　　　　　　D. SHIFT

5. G00 指令的移动速度值是（　　）。
   A. 数控程序指定　　　　　　　　B. 操作面板指定
   C. 机床参数指定　　　　　　　　D. 可任意指定
6. T0102 表示（　　）。
   A. 1 号刀具，1 号刀补　　　　　B. 2 号刀具，1 号刀补
   C. 1 号刀具，2 号刀补　　　　　D. 2 号刀具，2 号刀补
7. 操作人员在机床进行自动加工前，要检查（　　）。
   A. 刀具和工件装夹情况　　　　　B. 刀具补偿值是否正确
   C. 程序是否正确　　　　　　　　D. 选项 A、B 和 C
8. 在 MDI 方式下可以（　　）。
   A. 直接输入指令段并马上按 循环启动 按钮运行该程序段
   B. 自动运行内存中的程序
   C. 按相应轴的 移动 键操作机床
   D. 输入程序并保存
9. 在"机床锁定"（FEEL HOLD）方式下进行自动运行，（　　）功能被锁定。
   A. 刀架转位　　B. 进给　　C. 主轴　　D. 冷却
10. 在数控机床工作时，当发生异常现象需要紧急处理故障时，应启动（　　）功能。
    A. 程序停止功能　　B. 暂停功能　　C. 急停功能　　D. 关机

二、判断题（对的画"√"错的画"×"）

（　　）1. 一个程序段内只允许有一个 M 指令。

（　　）2. 在某些数控系统中，可以省略程序段的顺序号。

（　　）3. 模态 G 功能指令可被同组的 G 功能互相抵消，在同一程序段中有多个同组的 G 代码时，以最后一个为准，不同组的 G 功能可放在同一程序段中。

（　　）4. G 代码分为模态和非模态代码，非模态代码是指某一 G 代码被指定后就一直有效。

（　　）5. 数控车床的 F 功能的单位有每分钟进给量和每转进给量。

拓展任务工单1

1. 试编写图 2.37 零件的精车程序。

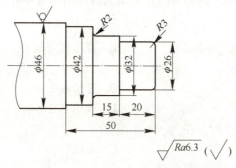

图 2.37

2. 资讯

_____

_____

_____

3. 计划与决策

_____

_____

_____

4. 实施

1）精车程序编写。

_____

_____

_____

_____

_____

_____

_____

2）过程记录。

_____

_____

_____

_____

_____

5. 检测与评价

按表 2.10 所列模块内容及要求进行评价。

表 2.10 任务评价表

学号：		学生姓名：		总得分	
序号	模块内容及要求		配分	评分标准	单项得分
1	程序		80	错误处扣除 5 分/处，扣完为止	
2	纪律与态度		20	违反纪律、学习不积极扣 2 分/次	

6. 评价与总结

_____

_____

_____

_____

拓展任务工单2

1. 完成图2.38零件的精车程序的编写及录入、空运行、并完成对刀。

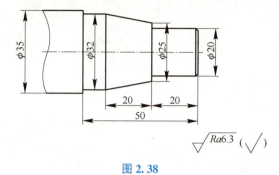

图2.38

2. 资讯
_____
_____
_____

3. 计划与决策
_____
_____
_____

4. 实施
1）精车程序编写。
_____
_____
_____
_____

2）空运行。
步骤：_____
_____
_____

3）装工件、装刀，刀架刀号要与程序刀具号一致。
4）对刀并验证。
步骤：_____
_____
_____

5. 检测与评价
按表2.11所列模块内容及要求进行评价。

表 2.11 任务评价表

机床编号：		学生姓名：		总得分	
序号	模块内容及要求	配分	评分标准		单项最终得分
1	程序	30	步骤错误扣 2 分/处，扣完为止，不倒扣		
2	空运行程序	10	步骤错误扣 2 分/处，未做不得分		
3	安装车刀	20	刀架刀号与程序刀号不一致扣 10 分/刀		
4	对刀操作	30	对刀不正确 15 分/刀		
5	5S 管理及纪律 1. 安全文明生产 （1）无违章操作情况 （2）无撞刀及其他事故 2. 机床维护与保养 3. 纪律与态度	10	违章操作、撞刀、出现事故、不按要求维护和保养机床扣 5~10 分/次 违反纪律、学习不积极、没有团队协作精神扣 2 分/次		

6. 评估与总结

_____

_____

_____

案例 2　大国工匠（二）

项目 3　轴类零件数控车削

　　轴类零件是指旋转体零件，其长度大于直径，一般由同心轴的外圆柱面、圆锥面、螺纹及相应的端面所组成。轴类零件是车削加工经常遇到的典型零件之一，其主要用来支承传动零部件、传递扭矩和承受载荷。按轴类零件结构形式不同，一般可分为光轴、阶梯轴、曲轴等结构形成。轴类零件的数控车削加工是数控车床操作人员的典型工作任务，本项目要求学生掌握典型轴类零件加工工艺制定及程序编写，并能独立操作数控车床加工出合格的轴类零件。

【知识目标】

1. 掌握简单、综合轴类零件数控车削加工工艺理论知识。
2. 掌握 G90 单一固定循环指令的编程应用。
3. 掌握 G71、G73、G70 粗、精加工循环指令的编程应用。
4. 掌握 G32、G92、G76 等螺纹加工循环指令的编程应用。
5. 掌握 G41、G42、G40 等刀具半径补偿指令的编程应用。
6. 掌握轴类零件加工的刀具选择知识。
7. 掌握轴类零件加工的尺寸控制方法。

【能力目标】

1. 能分析零件图样，制定简单、综合轴类零件的加工工艺方案。
2. 能根据零件加工要求，查阅相关资料，正确、合理选用刀具、量具、工具、夹具。
3. 能用 G90 等指令编写简单轴类零件加工程序。
4. 能用 G71、G73、G70、G92、G41、G42、G40 等指令编写综合轴类零件加工程序。
5. 能采用一顶一夹的安装方法正确装夹零件。
6. 能独立操作数控车床完成简单、综合轴类零件的加工并控制零件质量。

【素养目标】

1. 养成严格执行与职业活动相关的，保证工作安全和防止意外发生的规章制度的素养。
2. 养成认真细致分析、解决问题的素养。
3. 养成诚实守信、认真负责的工匠品质，树立产品质量意识。
4. 能与他人进行有效的交流和沟通，具备较强的团队协作精神。

【学习导航】

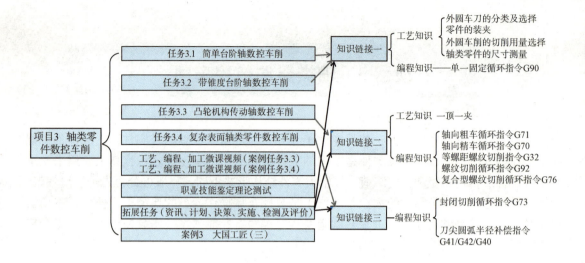

任务3.1 简单台阶轴零件数控车削

任务描述与分析

台阶轴是机械传动机构中常见的轴类零件，其结构较简单，如图3.1所示是机械传动机构中常见的销轴，生产规模为批量。本任务以销轴加工为例，进行简单台阶轴零件的数控车削训练。

分析图样。销轴的外轮廓尺寸为 $\phi18\times40$，各加工表面质量要求不高，$\phi12_{-0.16}^{-0.06}$ 有公差要求，其他尺寸为自由公差。材料45钢，毛坯为 $\phi20\times540$ 棒料，每棒料加工12件销轴。

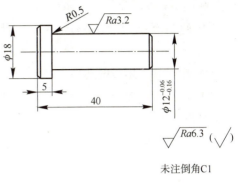

图3.1 销轴

> **小贴士**：通过六步法的实施，分析问题，查阅资料，制定解决问题方案，解决问题，独立完成加工任务，自检与总结。

计划

1. 设备选用

加工对象尺寸较小，可选择小型号的数控车床，如CAK4085dj、SKC6140等型号。

2. 确定安装方式

采取三爪卡盘安装，在一次装夹中完成各外圆、右端面、倒角和切断工件的操作。调头安装，取合长度并倒角。

3. 确定工件加工步骤

1）夹毛坯 $\phi20$ 外圆，伸出约46 mm。
2）粗、精车端面、$\phi18$ 外圆、$\phi12_{-0.16}^{-0.06}$ 外圆及倒角至尺寸。
3）切断长度41 mm 至尺寸。
4）调头装夹，取合长度，倒角。

4. 选择刀具、量具、工具，选定切削用量

1）选用90°合金外圆粗车刀一把，93°合金外圆精车刀一把，合金切断刀一把。
2）0~125 mm（0.02）游标卡尺、0~25 mm（0.01）外径千分尺。
3）切削用量的选择。
（1）粗车切削用量的选择。

零件表面粗糙度要求不高，加工余量不大，根据表3.6中的中碳钢，粗车时背吃刀量取 $a_p \leq 2$ mm。

进给量 f：切削外圆时 $f = 0.08 \sim 0.3$ mm/r，因工件直径较小，刚性差，粗车选取 $f = 0.1$ mm/r；切削速度 $v_c = 130 \sim 160$ m/min，取 $v_c = 130$ m/min。

主轴转速 s：根据公式（3.1.1）计算主轴转速 s。

$s = 1\ 000\ v_c / \pi d = 1\ 000 \times 130 / 3.14 \times 20 \approx 2\ 070$（r/min），考虑工艺系统刚性，取 $s = 1\ 500$ r/min。

对应的进给速度按式（2.1.1）计算 $v_f = f \cdot s = 0.1 \times 1\ 500 = 150$ mm/min，即 $f = 150$ mm/min。

（2）精车切削用量的选择。

背吃刀量取 $a_p \leq 0.5$ mm，进给量 f 取 0.08 mm/r，切削速度取 $v_c = 140$ m/min，精车主轴转速 s 取大约粗车的 1.5 倍，经计算取 $s = 2\ 200$（r/min）。

$v_f = f \cdot s = 0.08 \times 2\ 200 = 176$ mm/min，即 $f = 176$ mm/min。

决策

1. 工艺过程卡

如表 3.1 所示。

表 3.1 销轴零件加工工艺过程表

学院		机械加工工艺过程卡片		产品型号		零件图号	
				产品名称		零件名称	销轴
材料牌号	45 钢	毛坯种类	棒料	毛坯外形尺寸	φ20×540	备注	
工序号	工序名称	工序内容	车间	设备	工艺装备		工时
10	下料	锯割下料	下料	锯床	液压平口钳、游标卡尺		
20	车削外圆台阶	车削各外圆，倒角	数控车削	数控车床	三爪卡盘、游标卡尺、外径千分尺		
30	切断	切断工件，长度留量 0.5	数控车削	数控车床	三爪卡盘、游标卡尺		
40	取总长、倒角	平断面，取总长，倒角	数控车削	数控车床	三爪卡盘、游标卡尺		
编制		审核		批准		共 页	第 页

2. 工序卡编制

如表 3.2 所示。

表 3.2 销轴加工工序卡（20 工序）

学院		数控加工工序卡片		产品名称或代号	零件名称	材料	零件图号
					圆肩销	45 钢	
工序号	程序编号	夹具名称	夹具编号	使用设备		车间	
20		三爪卡盘		数控车床 FANUC0I-TD 系统		数控车削车间	
工步号	程序号	工步内容	刀具号	刀具	主轴转速 /(r·min⁻¹)	进给速度 /(mm·min⁻¹)	背吃刀量 /mm	量具
1	O2001	夹毛坯 φ20 外圆，伸出约 46 mm。车端面，粗车 φ18、φ12 外圆及倒角至尺寸，外圆留量 1	1	硬质合金外圆粗车刀	1 500	150	1	游标卡尺
2		半精车 φ18 外圆，$\phi_{-0.16}^{-0.06}$ 外圆及倒角，留量 0.5	2	硬质合金外圆精车刀	2 200	176	0.25	游标卡尺 外径千分尺
3		精车 φ18 外圆，$\phi_{-0.16}^{-0.06}$ 外圆及倒角至尺寸	2	硬质合金外圆精车刀	2 200	176	0.25	游标卡尺 外径千分尺
4		切断，总长 40 留 0.5 余量	4	硬质合金切断车刀	600	40		游标卡尺

实施

> 小贴士：生命至上，安全第一。安全生产，重在预防。请按规章制度要求开展销轴数控机床加工的各项操作。

1. 实施步骤

1）程序编制并录入。销轴的参考加工程序如表 3.3 所示。

表 3.3 销轴的参考加工程序

程序	说明
(程序原点设在工件右端面中心处) T0101：90°（外圆、端面）车刀。 T0202：93°外圆精车刀。 T0404：合金切断车刀，刀头宽度为 3 mm。	
O2001；	程序名
N5 G98；	进给速度单位为 mm/min
N10 G00 X100 Z100；	快速将车刀退至安全换刀点
N20 T0101；	换 1 号刀，执行 1 号刀补
N30 M03 S1500；	主轴正转，1 500 r/min

项目 3 轴类零件数控车削

续表

程序	说明
N40 G00 X24 Z0;	车刀快速定位至（X24 Z0）
N50 G01 X0 F150;	车端面（按车床初态分钟毫米进给）
N60 G00 X22 Z1;	快速将车刀定位至（X22 Z1）
N70 G90 X18.4 Z-41 F150;	粗车ϕ18圆柱面（留0.4精车余量）
N80 X15 Z-34.9;	粗车ϕ12圆柱面（第1层）
N90 X12.4;	粗车ϕ12圆柱面（第2层）
N91 G00 X100 Z100;	快速将车刀定位至安全换刀点
N100 T0202 M03 S2200;	换精车刀、主轴正转，2 200 r/min
N110 G00 X7.9;	快速将车刀定位至（X7.9）
N120 G01 X11.9 Z-1 F176;	倒角（C1）
N130 Z-35;	精车ϕ12圆柱面
N140 X17.9;	精车台阶
N150 W-5;	精车ϕ18圆柱面
N160 X24;	退刀
N220 G00 X100 Z100;	快速将车刀退至换刀点
N230 M30;	程序结束并返回首行，主轴停止转动
切槽，T0404，合金切断车刀，刀头宽度为3 mm。	
O2002;	程序名
N5 G98;	进给速度单位为mm/min
N10 G00 X100 Z100;	快速将车刀退至安全换刀点
N20 T0404;	换4号刀，执行4号刀补
N30 M03 S600;	主轴正转，600 r/min
N40 G00 X24 Z-41;	切断定位
N50 G01 X0 F20;	切断
N60 G00 X100 Z100;	快速将车刀退至换刀点
N70 M30;	程序结束并返回首行，主轴停止转动
调头取总长，T0101：90°（外圆、端面）车刀	
O2003;	程序名
N5 G98;	进给速度单位为mm/min
N10 G00 X100 Z100;	快速将车刀退至安全换刀点
N20 T0101;	换1号刀，执行1号刀补
N30 M03 S1800;	主轴正转，1 800 r/min
N40 G00 X22 Z0;	车刀快速定位至（X22 Z0）
N50 G01 X0 F150;	车端面
N60 G00 X14 Z1;	快速将车刀定位至（X14 Z1）
N70 G01 X20 Z-2;	车倒角
N80 G00 X100 Z100;	快速将车刀退至换刀点
N90 M30;	程序结束并返回首行，主轴停止转动

2）试运行，检查刀路路径正确。

3）准备刀具、工具、夹具、量具，装夹工件。

4）装刀及建立坐标系、对刀。切断刀的对刀用左侧刀尖。

5）检查车刀位置，对刀后必须检查确认每把车刀的位置正确。

6) 实施切削加工。

2. 实施过程记录

_____

_____

_____

小贴士： 质量是企业的生命线。请秉持诚实守信、认真负责的工作态度，强化质量意识，严格按图纸要求加工出合格产品，并如实填写自检结果。

按表 3.4 进行检测。单项最终得分为教师检测结果得分减去结果一致性扣分。当学生的自检结果与教师的检查结果不一致时，尺寸每超差 0.01 扣 1 分，粗糙度值每相差一级扣 1 分，每项扣分不超过 2 分。

表 3.4 销轴任务评价表

零件编号：			学生姓名：		总得分				
序号	模块内容及要求	配分	评分标准	学生自检结果	教师检测		结果一致性扣分	单项最终得分
					结果	得分		
1	$\phi 12_{-0.16}^{-0.06}/Ra3.2$	30/11	超 0.01 扣 4 分，Ra 大一级扣 2 分					
2	$\phi 18(IT13)/Ra6.3$	5/4	不合格不得分					
3	40(IT13)/两处 $Ra6.3$	10/2×4	不合格不得分					
4	5（IT13）/$Ra6.3$	10/4	超 0.01 扣 4 分，Ra 大一级扣 2 分					
5	2 处倒角	2×4	不合格不得分					
6	5S 管理及纪律 1. 安全文明生产 （1）无违章操作情况 （2）无撞刀及其他事故 2. 机床维护与保养 3. 纪律与态度	10	违章操作、撞刀、出现事故、不按要求维护和保养机床扣 5~10 分；违反纪律、学习不积极、没有团队协作精神的扣 2 分/次					

从以下几个方面进行总结与反思。

1）对工件尺寸精度和表面质量进行评价，找出尺寸超差或表面质量缺陷的原因，提出改进方法。

2）对加工工艺合理性、加工效率、刀具寿命等方面进行评价，进一步优化切削参数。

3) 对整个加工过程中出现的违反 5S 管理、安全文明生产等操作进行反思。

自我评估与总结。

_____

_____

_____

一、工艺知识

零件数控车削加工的切削原理、切削用量的相关知识,已在普通车床加工阶段学习过,在此不作介绍。

1. 外圆车刀的分类及选择(见二维码 3-1)

二维码 3-1

2. 零件的装夹

当工件的长度较短时,用三爪卡盘夹持工件外圆,能自动定心,但是,远离卡盘的一端可能和车床的轴心不重合,这时需要校正工件的位置,以保证加工余量均匀。

3. 车削外圆切削用量的选择

数控车削加工中的切削用量,是机床主体的主运动和进给运动速度大小的重要参数,包括背吃刀量 a_p、主轴转速 $s(n)$ 或切削速度 v_c、进给量 f 或进给速度 v_f,与普通车床加工中所要求的各切削用量基本一致。只是数控车床的刚性比普通车床的刚性稍差,一般数控车床用于半精加工和精加工,所以在选择切削用量时略有差异。

切削用量选择的合理性对加工质量、加工效率、生产成本等有着非常重要的影响。所谓"合理的"切削用量是指在保证质量的前提下,充分利用刀具切削性能和机床动力性能(功率、扭矩),以获得高生产率和低加工成本。

在加工程序的编制工作中,选择好切削用量,使背吃刀量、主轴转速和进给速度 3 者之间能互相适应,形成最佳切削参数,是工艺处理的重要内容之一。

切削用量的选择原则如下。

在粗车时,首先考虑选择一个尽可能大的背吃刀量 a_p,其次选择一个较大的进给量 f,最后确定一个合适的切削速度 v_c。增大背吃刀量 a_p 可使走刀次数减少,增大进给量 f 有利于断屑。总的原则是充分发挥刀具材料的切削性能;充分利用车床的能力;保证加工质量,提高生产率。

在精车时,零件的加工余量不大,加工精度和表面粗糙度要求较高,因此,选择精车切削用量时,应着重考虑在保证加工质量的前提下尽量提高生产率。因此,精车时在满足加工质量的情况下应尽可能选择较大的进给量 f,并尽可能提高切削速度 v_c。

(1) 背吃刀量 a_p 的确定。

在工艺系统刚性和机床功率允许的情况下，为了缩短加工时间，在粗加工时，应尽可能选择较大的背吃刀量，以便在一次走刀后切去大部分余量。一般用硬质合金刀具粗加工钢料和铸铁时，背吃刀量 a_p 取 1.5~6 mm；精加工时，取 $a_p<0.5$ mm；加工淬硬钢时，一般都是半精加工或精加工，余量和背吃刀量较小。当零件精度要求较高时，则应考虑留出精加工余量，其所留的精加工余量一般比普通车削时所留余量小，常取 0.1~0.5 mm。

(2) 进给量 f 的确定。

进给量 f（有些数控机床用进给速度 v_f）的选择主要受刀片强度及工艺系统刚性的影响。选择进给量 f 时应该与背吃刀量和切削速度相适应。在保证工件加工质量的前提下，粗加工时可选择较高的进给量；在精车外圆、切断、车削内孔时，应选择较低的进给量。

使用硬质合金刀具加工普通钢料和铸铁，粗车时，一般取 $f=0.3$~0.8 mm/r，精车时，取 $f=0.05$~0.25 mm/r；切断时 $f=0.05$~0.2 mm/r；加工淬硬钢时根据硬度不同而选取不同的进给量，一般选取 $f=0.1$~0.3 mm/r。

(3) 主轴转速 S 的确定。

在车外圆时，主轴转速应根据零件上被加工部位的直径，零件和刀具的材料以及加工性质等条件所允许的切削速度来确定。

切削速度 v_c 确定后，用（3.1.1）计算主轴转速 s。

$$s = 1\,000v_c/\pi d \text{ (r/min)} \tag{3.1.1}$$

式中　d——待加工工件直径（mm）；

　　　v_c——切削速度（m/min）。

主轴转速除了计算和查表选取外，还可以根据实践经验确定。需要注意的是，交流变频调速的数控车床低速输出力矩小，因而主轴转速不能太低。

表 3.5 为硬质合金外圆车刀切削速度的参考值。确定加工时车刀的切削速度，除了可参考表中列出的数值外，还可以根据实践经验进行确定。

表 3.5　硬质合金外圆车刀切削速度的参考值

工件材料	热处理状态	a_p/mm		
		(0.3, 2]	(2, 6]	(6, 10]
		$f/(\text{mm}\cdot\text{r}^{-1})$		
		(0.08, 0.3]	(0.3, 0.6]	(0.6, 1)
		$v_c/(\text{m}\cdot\text{min}^{-1})$		
低碳钢、易切钢	热轧	140~180	100~120	70~90
中碳钢	热轧	130~160	90~110	60~80
	调质	100~130	70~90	50~70
合金结构钢	热轧	100~130	70~90	50~70
	调质	80~110	50~70	40~60
工具钢	退火	90~120	60~80	50~70
灰铸铁	HBS<190	90~120	60~80	50~70
	HBS=190~225	80~110	50~70	40~60

工件材料	热处理状态	a_p/mm		
		(0.3, 2]	(2, 6]	(6, 10]
		f/(mm·r^{-1})		
		(0.08, 0.3]	(0.3, 0.6]	(0.6, 1)
		v_c/(m·min^{-1})		
高锰钢		10~20		
铜及铜合金		200~250	120~180	90~120
铝及铝合金		300~600	200~400	150~200
铸铝合金（w_{si}13%）		100~180	80~150	60~100

表 3.6 为高速钢车刀切削速度的参考值。

表 3.6　高速钢车刀切削速度的参考值

工件材料	抗拉强度/MPa	进给量 f/(mm·r^{-1})	切削速度/(m·min^{-1})
碳素钢	$\sigma_b \leq 600$	0.2	35~60
		0.4	25~45
合金结构钢	$\sigma_b \leq 850$	0.2	20~30
		0.4	15~25
灰口铸铁	$\sigma_b \leq 180~280$	0.2	15~30
		0.4	10~15

4. 轴类零件的尺寸测量（见二维码 3-2）

二维码 3-2

二、编程指令

1. 单一固定循环指令 G90。

指令格式 G90 X(U)_Z(W)_R_F_;

其中

X_Z_为切削终点绝对坐标值，单位 mm。

U_W_为切削终点相对于刀具起点的增量坐标值，单位：mm。即：

$$U = X_{切削终点} - X_{刀具起点}$$
$$W = Z_{切削终点} - Z_{刀具起点}$$

R_为车削圆锥面时切削终点与切削起点在 X 轴向的垂直距离，如图 3.2 所示。即 R＝($X_{圆锥切削起点}$－$X_{圆锥切削终点}$)/2。R 值有正负之分，R 值为"－"时是顺锥，R 值为"＋"时是倒锥，车内圆锥时则相反，编程时应注意 R 值的符号。当 R＝0 或缺省输入时为柱面切削，如图 3.3 所示。F_为循环进给速度。

例 3.1.1 如图 3.4 所示的工件，分两次走刀完成切削，其加工有关程序如下。

………
N10　G00　X45 Z2;　　　　　（刀具定位到 A 点）
N20　G90　X38 Z-30 F100;　（A→B→C→D→A）
N30　X30;　　　　　　　　　（A→E→F→D→A）
………

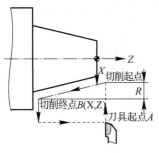 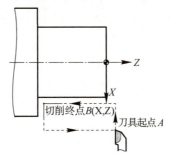 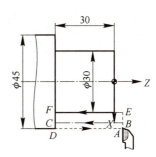

图 3.2　圆锥切削　　　图 3.3　外圆切削循环　　　图 3.4　外圆切削循环加工实例

任务 3.2　带锥度台阶轴数控车削

任务描述与分析

本任务如图 3.5 所示带锥度的台阶轴为加工案例，通过案例进行简单台阶轴零件的数控车削训练，生产规模为单件。

分析图样。1 零件属于单件生产；2 零件材料 45 钢，毛坯为 $\phi35\times80$ 棒料。零件的加工长度为 45，$\phi26_{-0.030}^{0}$、$\phi20_{-0.030}^{0}$ 尺寸精度要求较高，$\phi32$ 及各长度为自由公差，各加工表面粗糙度为 $Ra3.2\ \mu m$。

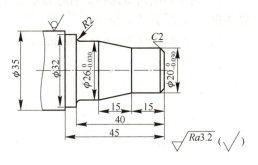

图 3.5　锥度台阶轴

材料：45钢
毛坯：$\phi35\times80$

> **小贴士**：通过六步法的实施，分析问题，查阅资料，制定解决问题方案，解决问题，独立完成加工任务，自检与总结。

计划

1. 设备选用

加工对象尺寸较小，可选择小型号的数控车床，如 CAK4085dj、SKC6140 等型号。

2. 确定安装方式

采取三爪自定心卡盘安装，在一次装夹中完成加工。

3. 确定工件加工步骤

1）夹毛坯 $\phi35$ 外圆，伸出长约 55 mm。
2）粗、精车端面。
3）用 G90 粗车 $\phi32$、$\phi_{-0.030}^{0}$、$\phi_{-0.030}^{0}$ 及圆锥，直径方向留精车余量 1 mm。
4）用 G01 半精车外圆，留余量 0.5 mm。
5）用 G01 精车外圆及倒角至尺寸。

4. 选择刀具、量具、工具，确定切削用量

1）分别选用 90°、93°的外圆粗、精车刀各一把。
2）0～125 mm（0.02）游标卡尺、精度为 0.01 mm 的 0～25 mm、25～50 mm 外径千分尺。
3）切削用量的选择。
（1）粗车时切削用量的选择。

加工 45 钢，结合现场加工条件，查表 3.2，粗车时，背吃刀量取 $a_p\leq2$ mm；进给量 f 选 0.08～0.3 mm/r，工件安装刚性较好，取 $f=0.20$ mm/r；切削速度为 v_c 为 100～130 m/min，取 $v_c=100$ m/min。

根据公式（3.1.1）计算主轴转速 s。

$s=1\,000v_c/\pi d=1\,000\times100/3.14\times35\approx909$（r/min），取 $s=900$（r·min^{-1}）

对应的进给速度按公式（2.1.1）计算

$v_f=f\cdot s=0.20\times900=180$ mm/min 即 $F=180$ mm/min

（2）精车切削用量选择。背吃刀量取 $a_p\leq0.5$ mm，精车时，取 $v_c=120$ m/min。进给量 f 取 0.08 mm/r，$s=1\,100$ r/min

$v_f=f\cdot s=0.08\times1\,100=88$ mm/min， 即 $F=88$ mm/min

决策

1. 工艺过程卡

如表 3.7 所示。

表 3.7 锥度台阶轴零件加工工艺过程表

学院		机械加工工艺过程卡片		产品型号		零件图号	
				产品名称		零件名称	锥度台阶轴
材料牌号	45 钢	毛坯种类	棒料	毛坯外形尺寸	$\phi35\times80$	备注	
工序号	工序名称	工序内容		车间	设备	工艺装备	工时
10	下料	锯割下料		下料	锯床	液压平口钳、游标卡尺	
20	车削外圆台阶	车削各外圆台阶至尺寸		数控车削	数控车床	三爪卡盘、游标卡尺、外径千分尺	
编制		审核		批准		共 页	第 页

2. 工序卡编制。

如表 3.8 所示。

表 3.8 锥度台阶轴加工工序卡

学院		数控加工工序卡片			产品名称或代号	零件名称	材料	零件图号
						锥度台阶轴	45 钢	
工序号	程序编号	夹具名称	夹具编号		使用设备		车间	
20		三爪卡盘			数控车床 FANUC 0I-TD 系统		数控车削车间	
工步号	程序号	工步内容	刀具号	刀具	主轴转速 /(r·min^{-1})	进给速度 /(mm·min^{-1})	背吃刀量 /mm	量具
1	O2010	夹毛坯 $\phi35$ 外圆，伸出长约 55 mm。车端面，粗车 $\phi32$、$\phi26$、$\phi20$ 外圆，外圆留余量 1 mm	1	硬质合金外圆粗车刀	900	180	1	游标卡尺
2		半精车各外圆，留余量 0.5 mm	2	硬质合金外圆精车刀	1 100	88	0.25	游标卡尺、外径千分尺
3		精车各台阶外圆至尺寸	2	硬质合金外圆精车刀	1 100	88	0.25	游标卡尺、外径千分尺

实施

> 小贴士：生命至上，安全第一。安全生产，重在预防。请按规章制度要求开展锥度台阶轴数控机床加工的各项操作。

1. 实施步骤

1）程序编制并录入。

锥度台阶轴的参考加工程序见表3.9。

表 3.9 锥度台阶轴的参考加工程序

加工程序	说明
T0101：90°（外圆、端面）粗车刀；	
T0202：93°外圆精车刀	
O2010	程序名
N5　G98；	进给速度单位为 mm/min
N10 G00 X100 Z100；	快速将车刀退至安全换刀点
N20 T0101；	换1号刀，执行1号刀补
N30 M03 S900；	主轴正转，900 r/min
N40 G00 X37 Z0；	车刀快速定位至（X37 Z0）
N50 G01 X0 F180；	车端面
N60 G00 X37 Z1；	快速将车刀定位至（X37Z1）
N70 G90 X32.5 Z-44.9 F180；	粗车 $\phi32$ 圆柱面
N80 X30 Z-39.9；	粗车 $\phi26$ 圆柱面（第1层，G90略写）
N81 X28 Z-39；	粗车 $\phi26$ 圆柱面（第2层）
N82 X26.5Z-38；	粗车 $\phi26$ 圆柱面（第3层）
N83 X23 Z-15；	粗车 $\phi20$ 圆柱面（第1层）
N84 X20.5 Z-15；	粗车 $\phi20$ 圆柱面（第2层，）
N85 G00 X28 Z-14.7；	快速将车刀定位至锥度起点
N86 G90 X28 W-15 R-3 F180；	粗车圆锥面（第1层，长度留0.3余量）
N90 X26.5；	粗车圆锥面（第2层 G90略写）
N95 G00 X100 Z100；	快速将车刀定位至安全换刀点
N100 T0202 M03 S1100；	换精车刀、主轴正转，1 000 r/min
N110 G00 X14 Z1；	车刀快速定位至倒角起点（X14 Z1）
N120 G01 X20 Z-2 F88；	倒角（C2）
N130 Z-15；	精车 $\phi20$ 圆柱面
N140 X26 W-15；	精车圆锥面
N150 W-8；	精车 $\phi26$ 圆柱面至圆弧起点
N160 G02 X30 W-2 R2；	精车至 X30（圆弧终点）
N170 G01 X32；	退刀精车台阶面
N180 Z-45；	精车 $\phi32$ 圆柱面至长度
N190 X37；	退刀精车台阶面
N200 G00 X100 Z100；	快速将车刀退至安全换刀点
N210 M30；	程序结束 B 停止

项目 3　轴类零件数控车削

2) 试运行，检查车刀路径正确。

3) 进行刀具、工具、夹具、量具的准备，装夹工件。

4) 装刀、建立坐标系、对刀。

5) 检查刀具位置数据正确。

6) 实施切削加工。作为单件加工或批量首件的加工，为了避免尺寸超差，应在对刀后把 X 向的刀补加大 0.5 再加工。精车后检测尺寸、修改刀补、再次精车。

2. 实施过程记录

检测与评价

> **小贴士**：质量是企业的生命线。请秉持诚实守信、认真负责的工作态度，强化质量意识，严格按图纸要求加工出合格产品，并如实填写自检结果。

按表 3.10 内容进行检测。单项最终得分为教师检测得分减去结果一致性扣分。当学生的自检结果与教师的检查结果不一致时，尺寸每超差 0.01 扣 1 分，粗糙度值每相差一级扣 1 分，每项扣分不超过 2 分。

表 3.10 锥度台阶轴任务评价表

零件编号：			学生姓名：		总得分				
序号	模块内容及要求	配分	评分标准	学生自检结果	教师检测		结果一致性扣分	单项最终得分
					结果	得分		
1	$\phi 26_{-0.030}^{0}/Ra3.2$	16/4	超 0.01 扣 4 分 Ra 大一级扣 2 分					
2	$\phi 20_{-0.030}^{0}/Ra3.2$	16/4	超 0.01 扣 4 分 Ra 大一级扣 2 分					
3	$\phi 32$（IT12）/$Ra3.2$	4/4	不合格不得分					
4	圆锥/$Ra3.2$	4/4	不符合要求无分 Ra 大一级扣 2 分					
5	45、40、2-15（IT12）	4×4	不合格不得分					
6	倒角、圆弧	4×2	不合格不得分					
7	5S 管理及纪律 1. 安全文明生产 （1）无违章操作情况 （2）无撞刀及其他事故 2. 机床维护与保养 3. 纪律与态度	20	违章操作、撞刀、出现事故、不按要求维护和保养机床扣 5~10 分/次；违反纪律、学习不积极、没有团队协作精神的一次扣 2 分/次。					

评估与总结

从以下几个方面进行总结与反思。

1) 对工件尺寸精度和表面质量进行评价，找出尺寸超差或表面质量缺陷的原因，提出改进方法。
2) 对工艺合理性、加工效率、刀具寿命等方面进行评价，进一步优化切削参数。
3) 对整个加工过程中出现的违反 5S 管理、安全文明生产等操作进行反思。

自我评估与总结。

_____
_____
_____
_____
_____
_____
_____

知识链接

一、程序指令

例 3.1.2 如图 3.6 所示锥体，用单一固定循环指令 G90 进行车削。

分析。毛坯直径为 45 mm，锥体大端直径为 26 mm，小端直径为 20 mm，长度 30 mm。直径方向最大加工余量为 25 mm，分 6 刀车削。

指令格式 G90 X(U)_Z(W)_R_F_

锥度 C=(26-20)/30=1/5，因为车刀起点在距离端面 4 mm 处，该处的直径 X 通过计算应为

1/5=(20-X)/4 所以 X=19.2

计算 R 值。R=(圆锥切削起点-圆锥切削终点)/2 =(19.2-26)/2=-3.4

程序：
……
N100 G00 X46 Z4；（确定刀具起点 A）
N110 G90 X42 Z-30 R-3.4 F100；
N120 X38；
N130 X34；
N140 X30；
N150 X27；
N160 X26；
……

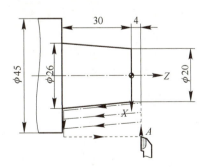

图 3.6 模块训练

任务 3.3　凸轮机构传动轴数控车削

任务描述与分析

在机械传动中的传动轴（工作时既承受扭矩又承受弯矩），是箱体内部最常见的零件之一，其应用较广。传动轴的结构形状一般有外圆、台阶、圆锥、外沟槽和螺纹等等，将轴表面设计成台阶状，其目的是尽量保持足够的强度和刚度，使之与其配套的轴上零件布局合理，同时便于安装或者拆卸。根据结构配合的要求，每个零件表面有各自的形位精度和表面粗糙度要求。本任务要求学生通过以含外圆、台阶、端面、螺纹等结构的传动轴为加工表面，并在一顶一夹的安装方式下，保证在具有形位精度要求下，顺利完成综合轴类零件的加工编程与加工。

分析图样。①零件属于单件生产，零件的毛坯是 $\phi40\times123$ mm，材料为 45 钢。②两处 $\phi28$ 尺寸公差为 0.03 mm，表面粗糙度为 $Ra\leqslant1.6$ μm，要求相对较高。③右端 $\phi28$ 圆柱面对螺纹轴线有同轴度要求。④其余外圆和长度的尺寸精度要求一般，表面粗糙度要求达到 $Ra\leqslant3.2$ μm。

如图 3.7 所示为凸轮传动机构，其中件 2 为机构传动轴，如图 3.8 所示，材料 45 钢，生产规模为单件。通过完成传动轴的加工工艺编程与加工操作，为今后加工其他轴类零件车削打下良好的基础。

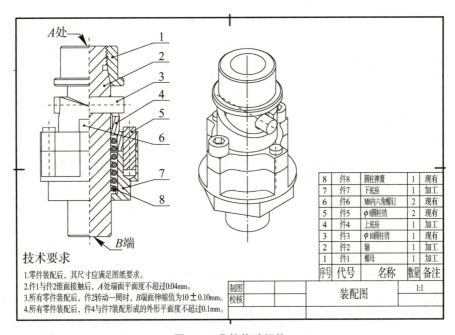

图 3.7　凸轮传动机构

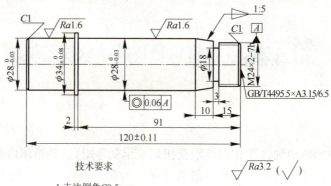

图 3.8　凸轮传动轴

技术要求
1. 未注倒角 C0.5mm。
2. 锐角倒钝。
3. 未注公差按 IT12 标准执行。

计划

1. 设备选用

加工对象尺寸较小，可选择小型号的数控车床，如 CAK4085dj、SKC6140 等型号。

2. 确定安装方式

用三爪卡盘，一顶一夹，分 4 次装夹完成加工。

3. 确定工件加工步骤

1）装夹毛坯外圆，伸出长度约为 20 mm，找正夹紧。
2）车夹位。
3）取下工件，调头装夹毛坯外圆，伸出长度约为 10 mm，找正夹紧。
4）平端面，按要求打中心孔。
5）按要求进行一顶一夹安装。
6）粗精车右端外轮廓，包括 $\phi34$ 外圆。
7）车退刀槽。
8）车螺纹。
9）取下工件，调头装夹右端 $\phi28$ 外圆，平端面，保证总长达到图样要求。
10）粗精车左端外圆。

4. 选择刀具、量具、工具，选定切削用量

1）刀具选择。

刀具选择如表 3.11 所示。

表 3.11　刀具选择

序号	刀具类型	数量	加工表面	备注
1	93°外圆刀（R0.8）	1	外圆、端面	粗车
2	93°外圆刀（R0.4）	1	外圆	精车
3	中心钻	1	钻中心孔	$\phi3.25$ mm

续表

序号	刀具类型	数量	加工表面	备注
4	切槽刀	1	退刀槽	刀头宽 3 mm
5	普通外螺纹刀	1	螺纹	刀尖角 60º

2）选择工、量具。

选用游标卡尺 0~150 mm（0.02 mm）、25~50 mm 外径千分尺。准备钻夹头、活动顶尖及其他工具如图 3.9 所示。

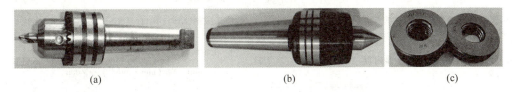

(a)　　　　　　　　　(b)　　　　　　　　　(c)

图 3.9　工具的选择

(a) 钻夹头；(b) 活动顶尖；(c) 螺纹环规

3）确定背吃刀量 a_p、主轴转速、进给速度。

根据前面已学习的查表和计算方法，确定粗车外圆时选用 $a_p=1~2$ mm；精车外圆时选用 $a_p=0.2~0.5$ mm。外圆粗车转速 400~600 r/min，精车为 800~1 000 r/min。外圆粗、精车的进给速度分别为 100 mm/min 和 60 mm/min。

1. 工艺过程卡

如表 3.12 所示。

表 3.12　凸轮传动轴零件加工工艺过程表

学院		机械加工工艺过程卡片		产品型号		零件图号	2
				产品名称		零件名称	传动轴
材料牌号	45 钢	毛坯种类	棒料	毛坯外形尺寸	$\phi 40\times 123$	备注	
工序号	工序名称	工序内容	车间	设备	工艺装备		工时
10	下料	锯割下料	下料	锯床	液压平口钳、游标卡尺		
20	车夹位	车夹位 $\phi 34\times 8$ mm	数控车削	数控车床	三爪卡盘、游标卡尺		
30	平端面、打中心孔	端面、打中心孔	数控车削	数控车床	三爪卡盘、钻夹头、中心钻		
40	车削右端	车削右端外圆（包括 $\phi 34$ 外圆）、退刀槽、螺纹	数控车削	数控车床	三爪卡盘、游标卡尺、外径千分尺、螺纹环规		
50	车削左端	车削左端端面、外圆	数控车削	数控车床	三爪卡盘、游标卡尺、外径千分尺		
编制		审核		批准		共　页	第　页

2. 工序卡编制

如表 3.13、表 3.14、表 3.15 所示。

表 3.13 凸轮传动轴零件加工工序表（工序 30）

学院		数控加工工序卡片		产品名称或代号	零件名称	材料	零件图号
				凸轮机构	凸轮传动轴	45 钢	
工序号	程序编号	夹具名称	夹具编号	使用设备		车间	
30		三爪卡盘		数控车床 FANUC 0I-TD 系统		数控车削	
工步号	程序号	工步内容	刀具号	刀具	主轴转速 /(r·min⁻¹)	进给速度 /(mm·min⁻¹)	背吃刀量 /mm	量具
1		装夹毛坯外圆，伸出长度约为 10 mm，找正夹紧。平端面	1	硬质合金外圆车刀	900	100	1	
2		打中心孔		中心钻	1 000			游标卡尺

表 3.14 凸轮传动轴零件加工工序表（工序 40）

学院		数控加工工序卡片		产品名称或代号	零件名称	材料	零件图号
				凸轮机构	凸轮传动轴	45 钢	
工序号	程序编号	夹具名称	夹具编号	使用设备		车间	
40	O1002~O1003	三爪卡盘		数控车床 FANUC 0I-TD 系统		数控车削	
工步号	程序号	工步内容	刀具号	刀具	主轴转速 /(r·min⁻¹)	进给速度 /(mm·min⁻¹)	背吃刀量 /mm	量具
1		采用一夹一顶装夹零件，找正夹紧						
2	O1002	粗车右端外轮廓，包括 φ34 外圆，单边留余量 0.25 mm	1	硬质合金外圆粗车刀	600	100	0.5	游标卡尺、外径千分尺
3		精车右端外轮廓，保证尺寸达到图样要求	2	硬质合金外圆精车刀	800	60	0.25	游标卡尺、外径千分尺
4		车槽，保证尺寸达到图样要求	3	切槽刀刀头宽 3 mm	500	40		游标卡尺
5	O1003	车螺纹，保证尺寸达到图样要求	4	普通螺纹车刀	500			游标卡尺、螺纹环规
6		去毛刺						

表 3.15　凸轮传动轴零件加工工序表（工序 50）

学院		数控加工工序卡片		产品名称或代号	零件名称	材料	零件图号
				凸轮机构	凸轮传动轴	45 钢	
工序号	程序编号	夹具名称	夹具编号	使用设备		车间	
50		三爪卡盘		数控车床 FANUC 0I-TD 系统		数控车削车间	
工步号	程序号	工步内容	刀具号	刀具	主轴转速 /(r·min^{-1})	进给速度 /(mm·min^{-1})	背吃刀量 /mm	量具
1	O1004	装夹 φ28 外圆，用铜皮包，找正夹紧，平端面，保证总长达到图样要求	1	硬质合金外圆粗车刀	500	100	1	游标卡尺
2		粗车左端外轮廓，单边留余量 0.25 mm	1	硬质合金外圆粗车刀	500	100	1	游标卡尺 外径千分尺
3		精车左端外轮廓，保证尺寸达到图样要求	2	硬质合金外圆精车刀	800	60	0.25	
4		去毛刺						

实施

> **小贴士**：生命至上，安全第一。安全生产，重在预防。请按规章制度要求开展传动轴加工的各项操作。

1. 实施步骤

1）程序编制并录入。

凸轮传动轴的参考加工程序见表 3.16 所示。

表 3.16　凸轮传动轴的参考加工程序

程序	说明
T0101	左偏 93°不重磨车刀，1 号刀位，车端面及外圆
T0202	左偏 93°不重磨车刀，2 号刀位，车外圆
T0303	车槽刀，刀头宽 3 mm
O1002	程序名（加工右端、退刀槽）
G98;	进给速度单位 mm/min
G00 X200 Z2;	安全换刀点
M03 S600;	主轴正转，600 r/min
T0101;	换 1 号刀，执行 01 号刀补
G00 X40 Z2;	快速定位到 X40 Z2 的位置

续表

程序	说明
G71 U1 R1;	背吃量1、退刀量1
G71 P1 Q2 U0.5 W0 F100;	外圆粗车循环，N1-N2 段。X 向精车余量 0.5、Z 向不留精车余量
N1 G00 X22;	快速定位到 X22
G01 Z0 F60;	车刀移到端面
X24 Z-1;	倒角
Z-15;	车外圆
X26;	车台阶
X28 W-10;	车圆锥
Z-91;	车 $\phi 28$ 外圆
X33.2;	车台阶
X34 W-0.4;	去毛刺
W-4;	车 $\phi 34$ 外圆
N2 X40;	车刀离开工件
G00 X200 Z2;	安全换刀点
M03 S800;	主轴正转，800 r/min
T0202;	换 2 号刀，执行 02 号刀补
G00 X40 Z2;	快速定位到 X40 Z2 的位置
G70 P1 Q2;	精车
G00 X200 Z2;	安全换刀点
M05;	主轴停止
M00;	程序暂停
M03 S500;	主轴正转，500 r/min
T0303;	换 3 号刀，执行 03 号刀补
G00 X32 Z-15;	快速定位到 X32 Z-15 的位置
G01 X18 F40;	车退刀槽
G00 X32;	离开工件
G00 X200 Z2;	安全换刀点
M30;	程序结束并复位
O1003;	程序名（车螺纹）
G00 X200 Z2	快速移至安全换刀点
M03 S500;	主轴 500 r/min 正转，
T0404;	执行 4 号刀及 4 号刀补
G00 X27 Z2;	快速定位至 X45Z2，准备加工外圆
G92 X22.8 Z-13 F2;	循环车螺纹螺距 2 mm，切削 1.2 mm，终点-13（第一刀）
X23.2;	第二次走刀车螺纹
X21.8;	第三次走刀车螺纹
X21.6;	第四次走刀车螺纹
X21.5;	第五次走刀车螺纹
G00 X200 Z2;	快速移至安全点（X200, Z2）
M30;	主程序结束并复位

续表

程序	说明
O1004；	程序名（工件调头安装，粗精车左端）
G98；	进给速度单位 mm/min
G00 X100 Z100；	安全换刀点
M03 S600；	主轴正转，600 r/min
T0101；	换 1 号刀，执行 01 号刀补
G00 X40 Z2；	快速定位到 X40 Z2 的位置
G90 X37 Z-27 F100；	粗车第一刀
X34；	第二刀
X32；	第三刀
X30.5；	第四刀
X28.5；	第五刀
G00 X26；	快速定位到 X26
G01 Z0 F60；	车刀移到端面
X28 Z-1；	倒角
Z-27；	车外圆
X33.2；	车台阶
X34 W-0.4；	去毛刺
X40；	车刀离开工件
G00 X100 Z100；	安全换刀点（X100，Z100）
M30；	程序结束并复位

2）程序录入后试运行，检查刀路路径正确。

3）进行工、量、刀、夹具的准备。

4）工件安装。

5）装刀及对刀。对切槽刀时，以左侧刀尖来对刀。

6）实施切削加工 作为单件加工或批量的首件加工，为了避免尺寸超差，应在对刀后把 X 向的刀补加大 0.5 mm 再加工。精车后检测尺寸、修改刀补，再次精车。

2. 实施过程记录

___

___

___

检测与评价

小贴士：质量是企业的生命线。请秉持诚实守信、认真负责的工作态度，强化质量意识，严格按图纸要求加工出合格产品，并如实填写自检结果。

按表 3.17 内容进行检测。单项最终得分为教师检测得分减去结果一致性扣分。当学生的自检结果与教师的检查结果不一致时，尺寸每超差 0.01 扣 1 分，粗糙度值每相差一级扣 1 分，每项扣分不超过 2 分。

表 3.17 质量检测评价表

零件编号:			学生姓名:		总得分			
序号	模块内容及要求	配分	评分标准	学生自检结果	教师检测		结果一致性扣分	单项最终得分
					结果	得分		
1	左 $\phi 28_{-0.03}^{0}$/Ra1.6	9/3	超 0.01 扣 4 分,Ra 大一级扣 2 分					
2	右 $\phi 28_{-0.03}^{0}$/Ra1.6	9/3						
3	$\phi 34±0.08$/Ra3.2	7/2						
4	$\phi 18$/Ra3.2	4/2						
5	同轴度	8	不合格不得分					
6	螺纹环规检测	10						
7	螺纹大径/牙型角/Ra3.2	2/2/2						
8	锥面/Ra3.2	4/2						
9	总长 120±0.11	4						
10	5 处长度	5						
11	2 处倒角/4 处去毛刺	4/4						
12	A3.15/Ra1.6	2/2	Ra 大一级扣 1 分					
13	5S 管理及纪律 1. 安全文明生产 （1）无违章操作情况 （2）无撞刀及其他事故 2. 机床维护与环保 3. 纪律与态度	10	违章操作、撞刀、出现事故、不按要求维护和保养机床扣 5~10 分/次；违反纪律、学习不积极、没有团队协作精神的扣 2 分/次					

评估与总结

> **小贴士**：团队成员通过共同讨论、归纳、分析，总结任务完成情况，汇报结果时语句表达清晰、语言文字流畅。

从以下几方面进行总结与反思。

1）对工件尺寸精度和表面质量进行评价，找出尺寸超差或表面质量缺陷的原因，提出改进方法。

2）对工艺合理性、加工效率、刀具寿命等方面进行评价，进一步优化切削参数。

3）对整个加工过程中出现的违反 5S 管理、安全文明生产等操作进行反思。

自我评估与总结。

_____

_____

_____

知识链接

一、车削工艺知识

一顶一夹装夹。

二维码 3-3

二、编程指令

1. 轴向粗车循环指令 G71

指令格式：

G71 U(Δd)R(e)F_；

G71 P（NS） Q（NF） U（Δu） W（Δw）；

N（NS）……；
……；
……； {N(NS)～N(NF) 为精加工路线程序段}
……；
N（NF）……；

其中

U(Δd)：粗车时 X 轴方向单次的切入深度，半径指定，无符号，单位为 mm。

R（e）：粗车时 X 轴方向单次的退刀量，半径指定，无符号，单位为 mm。

P(NS)：精加工路线程序段群的第一个程序段的顺序段号。

Q(NF)：精加工路线程序段群的最后一个程序段的顺序段号。

U(Δu)：X 轴方向精加工余量，直径指定，有符号（孔余量为"-"），单位为 mm，缺省输入时，系统按 $\Delta u = 0$ 处理。

W(Δw)：Z 轴方向精加工余量的距离及方向，有符号，单位为 mm；缺省输入时，系统按 $\Delta w = 0$ 处理。

F：切削进给速度，GSK980TD 系统默认的是 G98 指令，其单位 mm/min；FANUC TD 系统默认的是 G99 指令，其单位 mm/r。

S：主轴的转速。

T：刀具号、刀偏号。

使用 G71 指令时，系统根据精加工路线 NS~NF 程序段的形状轨迹、背吃刀量、进刀退刀量等自动计算粗加工路线，用与 Z 轴平行的动作进行切削，刀具轨迹如图 3.10 所示，刀具逐渐进给，使切削轨迹逐渐向零件最终形状靠近，最终切削成工件的形状，其精加路径为 $A \rightarrow A' \rightarrow B \rightarrow A$。

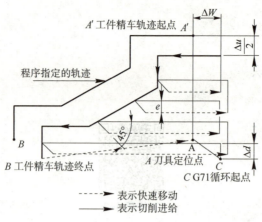

图 3.10　G71 指令运行轨迹

说明：

1) NS~NF 程序段可不必紧跟在 G71 程序段后编写，系统能自动搜索到 NS 程序段并执行，但完成 G71 指令后，会接着执行紧跟 NF 程序段的下一段程序。

2) Δd、Δu 都用同一地址 U 指定，其区分是根据该程序段有无指定 P、Q。

3) 循环动作由 P、Q 指定的 G71 指令进行。

4) 在 G71 指令循环中，顺序号 NS~NF 之间程序段中的 F，S，T 功能都无效，全部忽略。G71 程序段前的 F，S，T 有效、G71 指令的 F，S，T 功能有效，顺序号 NS~NF 间程序段中的 F，S，T 对 G70 指令循环有效。

5) 在 A 至 A' 间，顺序号 NS 的程序段中只能含有 G00 或 G01 指令，而且必须指定，不能含有 Z 轴指令。在 A' 至 B 间，X 轴、Z 轴必须都是单调增大或减小，即一直增大或一直减小。

6) 在 G71 指令执行过程中，可以停止自动运行并手动移动，但要再次执行 G71 循环时，必须返回到手动移动前的位置。如果不返回就继续执行，后面的运行轨迹将错位。

7) 在录入方式中不能执行 G71 指令，否则系统报警。

8) 在顺序号 NS 到 NF 的程序段中，不能有以下指令。

（1）除 G04（暂停）外的其他 00 组 G 指令。

（2）除 G00，G01，G02，G03 外的其他 01 组 G 指令。

（3）子程序调用指令（如 M98/M99）。

2. 轴向精车循环指令 G70

指令格式：G70　P（NS）Q（NF）；

说明：

1) G70 必须编写在 NS~NF 程序段之后。

2) 执行 G70 精加工循环时，NS~NF 之间程序段中的 F、S 和 T 有效。

3) 当 G70 循环加工结束时刀具返回到起点并读下一个程序段。

4) 在 G70 指令执行过程中，可以停止自动运行并手动移动，但要再次执行 G70 循环时必须返回到手动移动前的位置。如果不返回就继续执行，后面的运行轨迹将错位。

例 3.2 用复合循环指令 G71、G70 编写如图 3.11 所示零件的加工程序。

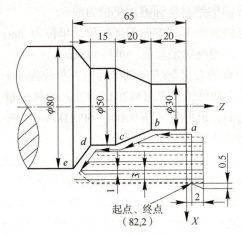

图 3.11　G71、G70 复合循环指令加工实例零件

程序如表 3.18 所示。

表 3.18　G71、G70 指令加工实例加工程序说明

加工程序	说明
	T0101—左偏93°不重磨车刀，1号刀位，车端面及外圆 T0202—左偏93°不重磨车刀，2号刀位，车外圆
O0030；	程序名
N05 G98；	进给速度，单位 mm/min
N10 G00 X200 Z100；	刀尖定位到 X=200，Z=100 的坐标点
N20 M03 S500；	主轴正转，转速 500 r/min
N30 T0101；	换1号刀，执行1号刀补
N40 G00 X82 Z2；	快速接近工件（粗车前定位）
N50 G71 U2 R1 F100；	每次切深半径量 2 mm，退刀半径量 1 mm 粗车走刀速度 100
N60 G71 P70 Q120 U0.5 W0.2；	运行 70~120 段程序进行粗车，直径余量 0.5，Z 余量 0.2
N70 G00 X30；	定位到 X30　（N70-120 为精加工路线 a→b→c→d→e 程序段）
N80 G01 Z-20 F60；	车削走刀 a→b（F60 为精车的切削用量）
N90 X50 W-20；	车削走刀 b→c
N100 W-15；	车削走刀 c→d
N110 X80 Z-65；	车削走刀 d→e
N120 X81 W-0.5	延长退出外圆
N130 G00 X200 Z100；	快速退刀到安全位置
N140 T0202 M03 S800	调入2号精车工刀，执行2号刀补，提高转速 S800
N150 X82 Z2；	快速接近工件（与粗车前定位一致）
N160 G70 P70 Q120；	运行 70~120 段精车路径精车
N170 G00 X200 Z100；	快速返回程序起点
N180 M30；	程序结束并复位

3. 螺纹编程指令

1）等螺距螺纹切削指令 G32。

指令格式：G32 X(U)_ Z(W)_ F(I)_ J_ K_ Q_；

其中：

X：终点位置在 X 轴方向的绝对坐标值。单位为 mm。

U：终点位置相对起点位置在 X 轴方向的坐标值。单位为 mm。

Z：终点位置在 Z 轴方向的绝对坐标值。单位为 mm。

W：终点位置相对起点位置在 Z 轴方向的坐标值。单位为 mm。

F：公制螺纹螺距，即主轴每转一圈刀具在长轴方向的移动量，Z：终点位置在 Z 轴方向的绝对坐标值。单位为 mm；取值范围是 0.001~500.00 mm，模态参数，F 指令值执行后保持有效，直至再次执行给定螺纹螺距的 F 指令字。

I：英制螺纹每英寸牙数，为长轴方向 1 英寸（25.4 mm）长度上螺纹的牙数，也可理解为刀具在长轴移动 1 英寸时主轴旋转的圈数。取值范围是 0.06~25 400 牙/英寸[①]，模态参数。I 指令值执行后保持有效，直至再次执行给定螺纹螺距的 I 指令字。

J：螺纹退尾时，在短轴方向的移动量（退尾量），单位为 mm，带方向（即正负）；如果短轴是 X 轴，该值为半径指定；J 值是模态参数。

K：螺纹退尾时在长轴方向的退尾起点，单位为 mm，如果长轴是 X 轴，则该值为半径指定；不带方向；K 值是模态参数。

Q：起始角，单位为度，指主轴一转信号与螺纹切削起点的偏移角度。取值范围是 0~360 000（单位为 0.001 度）。Q 值是非模态参数，每次使用都必须指定，如果不指定就认为是 0 度。

Q 使用规则：

（1）如果不指定 Q，既默认起始角为 0 度。

（2）对于连续螺纹切削，除第一段的 Q 有效外，后面螺纹切削段指定的 Q 无效，既定义了 Q 也被忽略。

（3）由起始角定义分度形成的多头螺纹总头数不超过 65 535 头。

（4）Q 的单位为 0.001 度，若与主轴一转信号偏移 180°，程序中需输入 Q180000，如果输入的为 Q180 或 Q180.0，均认为是 0.18°。

G32 为模态 G 指令。刀具的运动轨迹是从起点到终点的一条直线，如图 3.12 所示，从起点到终点位移量（X 按半径值）较大的坐标称为长轴，另一个坐标轴称为短轴，运动过程中主轴每转一圈长轴移动一个导程，短轴与长轴作直线插补，在刀具切削工件时，在工件表面形成一条等螺距的螺旋切槽，实现等螺距螺纹的加工。F、I 指令字分别用于给定公制、英制螺纹的螺距、牙数/英寸，执行 G32 指令可以加工公制或英制等螺距的直螺纹和锥螺纹、端面螺纹和连续的多段螺纹加工。

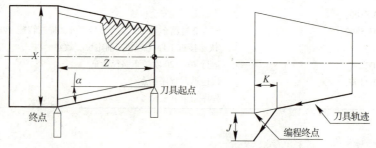

图 3.12 G32 指令刀具轨迹

---

① 1 英寸 = 2.54 厘米。

说明：

①当省略 J 时，系统无退尾。

②当省略 K 时，系统默认 K 等于 J（且 K 不带方向）。

③起点和终点的 X 坐标值相同、不输入 X 或 U、或 U 输入 0 时，加工直螺纹；起点和终点的 Z 坐标值相同、不输入 Z 或 W、或 W 输入 0 时，加工端面螺纹；起点和终点 X、Z 坐标值都不相同时，加工锥螺纹。

④在加工螺纹时，从粗车到精车，对同一轨迹要进行多次螺纹切削，因此，主轴转速必须恒定，当主轴转速变化时，螺纹产生螺距误差。

⑤螺纹的螺距通常指长轴方向。当 $\alpha \leq 45°$，Z 轴为长轴，螺距是 Lz；当 $\alpha > 45°$，X 轴为长轴，螺距是 Lx。

⑥可进行连续螺纹加工。

⑦在螺纹切削开始及结束部分，一般由于升降速的原因，会出现螺距不正确部分，考虑此因素影响，在实际螺纹起点前留出一个引入长度 $\delta_1 \geq 1.5P$、在实际螺纹终点后留出一个引出长度（通常称为退刀槽）$\delta_2 \geq P$，因此编程中的螺纹长度比实际的螺纹长度要长。

⑧在切削螺纹过程中，进给速度倍率无效，恒定在 100%。

⑨在螺纹切削过程中，主轴不能停止，进给保持在螺纹切削中无效。在执行螺纹切削状态之后的第一个非螺纹切削程序段后面，用单程序段停来停止。

⑩在进入螺纹切削状态后的一个非螺纹切削程序段时，如果再按了一次进给保持键（或持续按着）则在非螺纹切削程序段中停止。

⑪若前一个程序段为螺纹切削程序段，当前程序段也为螺纹切削，在切削开始时不检测主轴位置编码器的一转信号。

⑫在螺纹切削前的程序段可指定倒角，但不能是圆角 R，在螺纹切削程序段中，不能指定倒角和圆角 R。

⑬在螺纹切削过程中主轴倍率有效，如果改变主轴倍率，会因为升降速影响等因素导致不能切出正确的螺纹，因此，在螺纹切削时不要进行主轴转速调整。

⑭系统复位、急停或驱动报警时，螺纹切削立即停止，但工件报废。

例 3.3 用 G32 指令编写如图 3.13 所示零件的螺纹加工程序。长轴为 Z 轴，螺纹螺距 1.5 mm，小径 $d_1 = 50 - 1.3 \times 1.5 = 48.05$ mm。

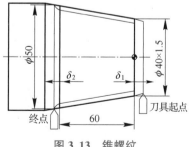

图 3.13 锥螺纹

取 $\delta_1 = 3$ mm，$\delta_2 = 1.5$ mm，总切深 0.95 mm（单边），分两次切入。程序如下。
G00 X38.5 Z3； （第一次切入 1 mm）

G32 X48.5 Z-61.5 F1.5 J0.95 K1.5;
G00 X55;
Z3;
X37.6;（第二次再切入 1 mm）
G32 X48.05 Z-61.5 F1.5 J0.95 K1.5;
G00 X55;
Z2;

2）螺纹切削循环 G92。

二维码 3-4

3）复合型螺纹切削循环 G76。

二维码 3-5

任务 3.4　复杂表面轴类零件数控车削

任务描述与分析

如图 3.14 所示手柄零件，材料 45 钢，毛坯规格 φ40×73，生产规模为单件。零件的右端各圆弧的外径尺寸呈非单调递增或递减的形态，刀具选择、程序编制较一般台阶轴区别较大。本任务以手柄零件为加工案例介绍复杂表面轴类零件的数控车削加工。

分析图样。零件的轮廓有外圆、台阶和多段圆弧连接。φ30 外圆尺寸精度要求较高，粗糙度全部为 $Ra3.2$，圆弧面圆弧曲率半径需控制，长度方向尺寸多为自由公差。

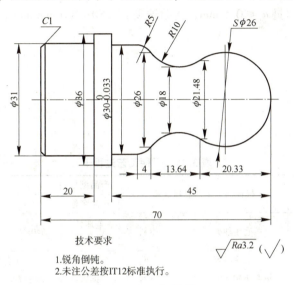

技术要求
1. 锐角倒钝。
2. 未注公差按 IT12 标准执行。

图 3.14　手柄零件

计划

1. 设备选用

根据加工零件尺寸及实训设备条件，可选则 SKC6140 及以下车床型号的数控车床。

2. 确定安装方式

采取三爪卡盘安装，在一次装夹中完成左端 φ31、φ36 外圆台阶加工。第二次安装，完成右端 φ30 外圆及各圆弧面加工。

3. 确定工件加工步骤

1）夹毛坯 φ40 外圆，伸出约 35 mm，完成左端 φ31、φ36 外圆台阶加工。

2）夹 φ31 外圆，用铜皮包裹，找正夹紧。平端面，取总长，完成右端 φ30 外圆及各圆弧面加工。

4. 选择刀具、量具、工具，选定切削用量

1）选用合金外圆（端面）粗、精车车刀（刀片为 55°菱形机夹刀片，安装后其主偏角

为90°，副偏角为35°）各一把。在图3.14中，R10凹圆弧与sϕ26凸圆弧相切过渡，选择车刀时，要特别注意副偏角的大小，以防车刀副刀刃与工件已加工表面干涉。

2) R13、R10、R5圆弧用R规检测圆弧，外径选用25~50 mm（0.01）外径千分尺测量，长度选用0~125 mm（0.02）游标卡尺测量。

3) 切削用量的选择。

用G73封闭循环指令来粗车球面时，背吃刀量有变化，存在断续切削的情况，所以a_p和背吃刀量f的选择相对普通外圆台阶粗加工小一些。

（1）粗车时切削用量的选择。

查表3.6，背吃刀量取$a_p \leqslant 2$ mm。进给速度f取120 mm/min。切削速度$v_c = 100$ m/min，主轴转速s取800 r/min。

（2）精车切削用量选择

查表3.2，背吃刀量$a_p \leqslant 0.5$ mm，进给速度f取80~100 mm/min，主轴转速s稍高于粗车时的20%。

决策

1. 工艺过程卡

如表3.19所示。

表3.19 手柄工艺过程卡

学院		机械加工工艺过程卡片		产品型号		零件图号	
				产品名称		零件名称	手柄
材料牌号	45钢	毛坯种类	棒料	毛坯外形尺寸	ϕ40×73	备注	
工序号	工序名称	工序内容	车间	设备	工艺装备		工时
10	下料	锯割下料	下料	锯床	液压平口钳、游标卡尺		
20	车削左端	左端ϕ31、ϕ36外圆台阶	数控车	数控车床	三爪卡盘、游标卡尺、外径千分尺		
30	车削右端	车削右端ϕ30外圆及各圆弧面	数控车	数控车床	三爪卡盘、游标卡尺、外径千分尺		
40	清洁、去毛刺	清洁、去毛刺					
编制		审核		批准		共 页	第 页

2. 工序卡编制

如表3.20所示。

表3.20 手柄加工工序卡（30工序）

学院		数控加工工序卡片		产品名称或代号	零件名称	材料	零件图号
						45钢	
工序号	程序编号	夹具名称	夹具编号	使用设备		车间	
30		三爪卡盘		数控车床 FANUC 0I-TD系统		数控车削车间	
工步号	程序号	工步内容	刀具号	刀具	主轴转速/(r·min^{-1})	进给速度/(mm·min^{-1})	背吃刀量/mm	量具

续表

学院		数控加工工序卡片		产品名称或代号	零件名称	材料	零件图号
						45钢	
1	O0031	夹φ31外圆，平端面取总长。粗车φ18、φ12外圆及倒角至尺寸，外圆留量1	1	硬质合金外圆粗车刀	800	120	1	游标卡尺
2		半精车右端φ30外圆及各圆弧面，留量0.5	2	硬质合金外圆精车	1 100	80	0.25	游标卡尺、外径千分尺
3		精车右端φ30外圆及各圆弧面	2	硬质合金外圆精车	1 100	80	0.25	游标卡尺、外径千分尺

实施

> **小贴士**：生命至上，安全第一。安全生产，重在预防。请按规章制度要求开展手柄零件加工的各项操作。

1. 实施步骤

1）程序编制并录入。

手柄零件右端的参考加工程序见表3.21。

表3.21 手柄零件右端的参考加工程序

GSK980TD/FANUC TD 系统程序	说明：只给出右端表面粗精车程序，其余略
粗、精车右端，T0101：外圆粗车刀；	
T0202：外圆精车刀。	
O0031；	程序名
G98；	进给速度 mm/min
G00 X100 Z100；	安全换刀点
M03 S800；	主轴正转，800 r/min
T0101；	换1号刀，执行01号刀补
G00 X40 Z2；	快速定位到X40 Z2 的位置
G73 U11 R11；	X 向总背吃刀量11 mm，加工循环11次
G73 P1 Q2 U0.5 W0 F120；	粗车循环，从N1 段开始至N2 段结束。留 X 向精车余量0.5、Z 向不留精车余量
N1 G00 X0；	快速定位到X0
G01 Z0 F80；	车刀移到端面
G03 X21.8 Z-20.33 R13；	车球面
G02 X26 W-13.64 R10；	车 $R10$ 圆弧
G03 X30 W-4 R5；	车 $R5$ 圆弧
G01 Z-45；	车φ30外圆
X35；	车台阶
N2 X36 W-0.5；	去毛刺
G00 X100 Z100；	安全换刀点
M03 S1000；	主轴正转，1 000 r/min

续表

GSK980TD/FANUC TD 系统程序	说明：只给出右端表面粗精车程序，其余略
T0202;	换2号刀，执行02号刀补
G00 G42 X40 Z2;	快速定位到 X40 Z2 的位置
G70 P1 Q2;	精车
G00 G40 X100 Z100;	安全换刀点
M30;	程序结束

2）试运行，检查刀路路径正确。

3）进行刀具、工、夹、量具的准备，加工现场、工作位置布置、工件安装。

4）装刀及对刀、建立坐标，以外圆车刀为基准刀。

5）检查刀补设置数据正确。

6）实施切削加工。作为单件加工或批量首件的加工，为了避免尺寸超差，应在对刀后把 X 向的刀补加大 0.5 再加工。精车后，检测尺寸、修改刀补，再次精车。

2. 实施过程记录

检测与评价

> 小贴士：质量是企业的生命线。请秉持严谨细致的工作态度，强化质量意识，严格按图纸要求加工出合格产品，并如实填写自检结果。

按表 3.22 内容进行检测。单项最终得分为教师检测得分减去结果一致性扣分。当学生的自检结果与教师的检查结果不一致时，尺寸每超差 0.01 扣 1 分，粗糙度值每相差一级扣 1 分，每项扣分不超过 2 分。

表 3.22 手柄任务评价表

零件编号：		学生姓名：		总得分				
序号	模块内容及要求	配分	评分标准	学生自检结果	教师检测		结果一致性扣分	单项最终得分
					结果	得分		
1	$\phi 30_{-0.033}^{0}$/$Ra3.2$	16/4	超 0.01 扣 4 分/Ra 大一级扣 2 分					
2	$\phi 36_{-0.05}^{0}$/$Ra3.2$	16/4	超 0.01 扣 4 分/Ra 大一级扣 2 分					
3	$\phi 31_{-0.05}^{0}$/$Ra3.2$	16/4	超 0.01 扣 4 分/Ra 大一级扣 2 分					
4	$C1$/$R5$/$\phi 10$/$s\phi 26$/$\phi 18$	4×5	不合格不得分					

续表

零件编号:		学生姓名:		总得分			
5	70/45/20	4×3	不合格不得分				
6	5S 管理及纪律 1. 安全文明生产 （1）无违章操作情况； （2）无撞刀及其他事故 2. 机床维护与保养 3. 纪律与态度	20	违章操作、撞刀、出现事故、不按要求维护和保养机床扣 5~10 分/次；违反纪律、学习不积极、没有团队协作精神的一次扣 2 分				

评估与总结

> **小贴士**：团队成员通过共同讨论、归纳、分析，总结任务完成情况，汇报结果时，语句表达清晰、语言文字流畅。

从以下几方面进行总结与反思。

（1）对工件尺寸精度和表面质量进行评价，找出尺寸超差或表面质量缺陷的原因，提出改进方法。

（2）对工艺合理性、加工效率、刀具寿命等方面进行评价，进一步优化切削参数。

（3）对整个加工过程中出现的违反 5S 管理、安全文明生产等操作进行反思。

自我评估与总结。

_____
_____
_____
_____
_____
_____
_____

知识链接

一、编程指令

1. 封闭切削循环指令 G73

利用该指令，可以按指定的 NS~NF 程序段给出的同一轨迹进行重复切削。系统根据精车余量、退刀量、切削次数等数据自动计算粗车偏移量、单次进刀量和轨迹，每次切削的轨迹都是精车轨迹的偏移，切削轨迹逐步靠近精车轨迹，最后一次切削轨迹为按精车余量偏移的精车轨迹。本指令适用于锻件或铸造等已初步成型毛坯的粗加工，可以省时，提高工效。G73 为非模态指令。

编程格式：G73 U（Δi） W（Δk） R（d）；
G73 P（NS）Q（NF）U（Δu）W（Δw）F S T ；
N（NS）……；
…． F；
…． S； ｝精加工路线程序段
…． T；
N（NF）…．．；

其中

U(Δi)：X 轴方向粗车总余量，（半径指定）单位为 mm。

W(Δk)：Z 轴方向粗车总余量，单位为 mm。

R(d)：封闭切削循环的次数，单位为次。

P(NS)：构成精加工形状的程序段群的第一个程序段的顺序号。

Q(NF)：精加工形状的程序段群的最后一个程序段的顺序号。

U(Δu)：留 X 轴方向的精加工余量，指直径值，单位为 mm，缺省输入时，系统按 $\Delta u = 0$ 处理。

W(Δw)：留 Z 轴方向的精加工余量，单位为 mm，缺省输入时，系统按 $\Delta w = 0$ 处理；

F：G73 指令粗车切削进给速度。

S：G73 指令粗车时主轴的转速。

T：G73 指令粗车刀具及刀偏号。

刀具轨迹。

在切削工件时，刀具轨迹是如图 3.15 所示的封闭回路，刀具逐渐进给，使封闭切削逐渐向零件最终形状靠近，最终切削成工件的形状，其精加工路径为 $A \to B \to C$。G73 循环起点和循环终点相同。

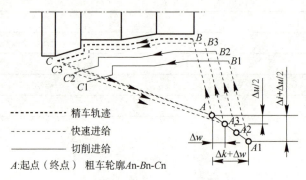

图 3.15　G73 指令刀具轨迹

在顺序号 NS 到 NF 的程序段中，不能有以下指令。

1）除 G04 外的其他 00 组 G 指令。

2）除 G00，G01，G02，G03 外的其他 01 组 G 指令。

3）子程序调用指令。

例 3.2.5　在数控车床上加工如图 3.16 所示的零件，并编制零件的加工粗车程序。

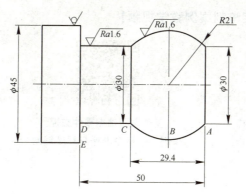

图 3.16　G73 指令刀具轨迹

参考加工程序。
O1031
N0010 G00 X100 Z100　　　　　　　（车刀快速移动到换刀点）
N0020 M03 S500 T0101　　　　　　（主轴以 500 r/min 正转，换 01 号车刀）
N0030 G00 X45 Z2　　　　　　　　（刀具快速定位到 X45 Z2，靠近工件）
N0040 G73 U7.5 W0 R5　　　　　　（X 向粗车余量半径 7.5，Z 余量 0，循环 5 次）
N0050 G73 P60 Q90 U0.5 W0 F60　 （留精车余量 X 向直径 0.5，Z 余量 0,）
N0060 G01 X30 Z0　　　　　　　　（到精车起点）
N0070 G03 X30 W-29.39 R21　　　　（车 R21 圆弧面，A～C 段圆弧）
N0080 G01 Z-50　　　　　　　　　（车 Φ30 外圆）
N0090 X47　　　　　　　　　　　　（退刀至 Φ47）
N0100 G00 X100 Z100　　　　　　　（安全换刀点）
N0110 M03 S1000 T0101　　　　　　（主轴以 1000 r/min 正转，换 02 号车刀）
N0120 G00 X45 Z2　　　　　　　　（刀具快速定位到 X45 Z2，靠近工件）
N0130 G70 P60 Q90　　　　　　　　（精车）
N0140 G00 X100 Z100　　　　　　　（安全刀）
N0150 M30　　　　　　　　　　　　（程序运行结束返回起点）

2. 刀尖圆弧半径补偿指令

二维码 3-6

【机构传动轴数控车削案例教学视频】

机构传动轴数控
车削——加工工艺分析

机构传动轴数控车削——
指令准备与程序编制

机构传动轴数控
车削——加工过程

【复杂表面轴类零件数控车削案例教学视频】

复杂表面轴类零件数控
车削——加工工艺分析

复杂表面轴类零件数控
车削——指令准备与程序编制

复杂表面轴类零件数控
车削——加工过程

职业技能鉴定理论测试

一、单项选择题（请将正确选项的代号填入题内的括号中）

1. 切削的3要素是指进给量、背吃刀量和（　　）。
   A. 切削厚度　　　B. 切削速度　　　C. 进给速度　　　D. 主轴转速

2. 程序段 N60G01X100Z50 中 N60 是指（　　）。
   A. 程序段号　　　B. 坐标字　　　C. 功能字　　　D. 结束符

3. 主轴转速 n(r/min) 与切削速度 v(m/min) 的关系表达式是（　　）。
   A. $n=\pi v D/1\,000$　　B. $n=1\,000\pi v D$　　C. $v=\pi n D/1\,000$　　D. $v=1\,000\pi n D$

4. 程序段号的作用之一是（　　）。
   A. 确定刀具的补偿量　　　　　　B. 解释指令的含义
   C. 确定坐标值　　　　　　　　　D. 便于对指令进行校对、检索、修改

5. 常用地址符（　　）对应的功能是指定主轴转速。
   A. S　　　B. R　　　C. Y　　　D. T

6. 数控车床主轴以 800 r/min 转速正转时，其指令应是（　　）。
   A. M03 S800　　B. M04 S800　　C. M05 S800　　D. M08 S800

7. 圆弧插补指令 G03 X Z R 中，X Z 后的值表示（　　）。
   A. 圆心起点坐标相对于起点的值　　　B. 起点坐标值
   C. 终点坐标值　　　　　　　　　　　D. 圆心坐标值

8. FANUC 系统车一段起点坐标为 X40，Z-20，终点坐标为 X40，Z-80 的圆柱面的程序段是（　　）。
   A. G01 X40 W-80 F0.1　　　　　B. G01 U40 Z-80 F0.1
   C. G01 X40 Z-80 F0.1　　　　　D. G0 U40 W-80 F0.1

9. FANUC 系统车一段起点坐标为 X40，Z-20，点坐标为 X50，Z-25，半径为 5 m 的外圆凸圆面，正确的程序段是（　　）。
   A. G98 G02 X40 Z-20 R5 F80　　　B. G98 G03 X50 Z-25 R5 F80
   C. G98 G03 X40 Z-20 R5 F80　　　D. G98 G02 X50 Z-25 R5 F80

10. 程序停止并复位到起始位置的指令是（　　）。
    A. M01　　　B. M02　　　C. M30　　　D. M00

11. 确定加工顺序和工序内容、加工方法，划分加工阶段，安排热处理、检验及其他辅助工序是（　　）的主要工作。
    A. 拟定工艺路线　　　　　　　B. 拟定加工方法

C. 填写工艺文件　　　　　　　　　D. 审批工艺文件

12. 影响刀具扩散磨损的最主要原因是切削（　　）。
A. 材料　　　　　　　　　　　　　B. 速度
C. 温度　　　　　　　　　　　　　D. 角度

13. 粗加工锻造成型毛坯零件时，循环指令（　　）最合适。
A. G70　　　　　　　　　　　　　B. G71
C. G72　　　　　　　　　　　　　D. G73

14. 在 FANUC 系统数控车床上，G71 指令是（　　）。
A. 内外圆粗车复合循环指令　　　　B. 端面粗车复合循环指令
C. 螺纹车削复合循环指令　　　　　D. 深孔车削循环指令

15. 当刀具出现磨损或更换刀片后，可以对刀具进行（　　）设置，以缩短准备时间。
A. 刀具磨耗补偿　　　　　　　　　B. 刀具补正
C. 刀尖直径　　　　　　　　　　　D. 刀尖半径

16. 在编排数控加工工序时，采用一次装夹工位上多工序集中加工原则的主要目的是（　　）。
A. 缩短换刀时间　　　　　　　　　B. 减少重复定位误差
C. 缩短切削时间　　　　　　　　　D. 简化加工程序

17. 在车削圆锥体时，刀尖高于工件回转轴线，加工后锥体表面母线将呈（　　）。
A. 直线　　　　　　　　　　　　　B. 圆弧
C. 曲线　　　　　　　　　　　　　D. 以上均不对

18. 在车削高精度的零件时，粗车后，在工件上的切削热达（　　）到后再进行精车。
A. 热平衡　　　　　　　　　　　　B. 热变形
C. 热膨胀　　　　　　　　　　　　D. 热伸长

19. 在精加工和半精加工时，一般要留加工余量，下列哪种半精加工余量相对较为合理（　　）。
A. 0.1 mm　　　B. 0.005 mm　　　C. 0.5 mm　　　D. 5 mm

20. 在数控编程中，用于刀具半径补偿的指令是（　　）。
A. G80、G81　　　　　　　　　　B. G90、G91
C. G43、G44　　　　　　　　　　D. G41、G42、G40

二、判断题（对的画"√"，错的画"×"）

（　　）1. 轴类零件是适用于数控车床加工的主要零件。

（　　）2. 车削简单台阶轴外圆面时，刀具的运动轨迹总是平行于 X 轴。

（　　）3. 先加工外圆，然后以外圆定位加工内孔和端面是加工盘套类零件的常用工艺。

（　　）4. 在固定循环 G90 和 G94 切削过程中，M、S 和 T 功能可改变。

（　　）5. 零件的每一个尺寸一般只标注一次，并应标注在反映该结构最清晰的图形上。

（　　）6. G02 和 G03 判别方向的方法是沿着不在圆弧平面内的坐标轴从正方向向负方向看去，刀具顺时针方向运动为 G02，逆时针方向运动为 G03。

（　　）7. G41、G42、040 均属于模态 G 指令。

（　　）8. 在 FANUC 系统数控车床上，G71 指是深孔钻削循环指令。

(　　) 9. M00 指与 M01 指令都是暂停指令，且使用的方法是一致的。
(　　) 10. G41 表示刀具半径右补偿，C42 表示刀具半径左补偿。

拓展任务工单1

1. 完成图 3.17 所示台阶轴的编程与车削加工，材料 45 钢，生产规模为单件。

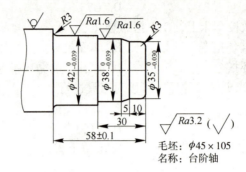

图 3.17　台阶轴训练任务

2. 资讯

_____

_____

3. 计划

_____

_____

_____

4. 决策

1）工艺过程卡。

表 3.23　台阶轴加工工艺过程卡

学院		机械加工工艺过程卡		产品型号		零件图号	
				产品名称		零件名称	
材料牌号	45 钢	毛坯种类	棒料	毛坯外形尺寸		备注	
工序号	工序名称	工序内容		车间	设备	工艺装备	工时
编制		审核		批准		共　页	第　页

94　零件数控车削加工

2）工序卡。

表 3.24 台阶轴加工工序卡

学院		数控加工工序卡		产品名称或代号	零件名称	材料	零件图号
						45 钢	
工序号	程序编号	夹具名称	夹具编号	使用设备		车间	
工步号	程序号	工步内容	刀具号	刀具	主轴转速 /(r·min^{-1})	进给速度 /(mm·min^{-1})	背吃刀量 /mm	量具

5. 实施

1）实施步骤。

2）实施过程记录。

6. 检测与评价

按表 3.25 内容进行检测。单项最终得分为教师检测得分减去结果一致性扣分。当学生的检查结果与教师的检查结果不一致时，尺寸每超差 0.01 扣 1 分，粗糙度值每相差一级扣 1 分，每项扣分不超过 2 分。

表 3.25 台阶轴零件加工质量评价表

零件编号：		学生姓名：		总得分				
序号	模块内容及要求		配分	评分标准	学生自检结果	教师检测		结果一致性扣分	单项最终得分
						结果	得分		
1	$\phi 42_{-0.039}^{0}/Ra1.6$		18/4	超 0.01 扣 4 分/ Ra 大一级扣 2 分					
2	$\phi 38_{-0.039}^{0}/Ra1.6$		18/4	超 0.01 扣 4 分/ Ra 大一级扣 2 分					
3	$\phi 35_{-0.030}^{0}/Ra1.6$		18/4	超 0.01 扣 4 分/ Ra 大一级扣 2 分					
4	长度 30、10、5		3×4	不合格不得分					

续表

零件编号：		学生姓名：		总得分				
序号	模块内容及要求	配分	评分标准	学生自检结果	教师检测		结果一致性扣分	单项最终得分
					结果	得分		
5	R3 两处	3.5×2	不合格不得分					
6	5S 管理及纪律 1. 安全文明生产 （1）无违章操作情况 （2）无撞刀及其他事故 2. 机床维护与保养 3. 纪律与态度	15	违章操作、撞刀、出现事故、不按要求维护和保养机床扣 5~10 分/次；违反纪律、学习不积极、没有团队协作精神的扣 2 分/次					

7. 评估与总结

从以下几方面进行总结与反思。

1）对工件尺寸精度和表面质量进行评价，找出尺寸超差或表面质量缺陷的原因，提出改进方法。

2）对工艺合理性、加工效率、刀具寿命等方面进行评价，进一步优化切削参数。

3）对整个加工过程中出现的违反 5S 管理、安全文明生产等操作进行反思。

自我评估与总结。

___

___

拓展任务工单2

1. 在数控车床上完成如图 3.18 零件的加工任务，材料 45 钢，生产规模为单件。

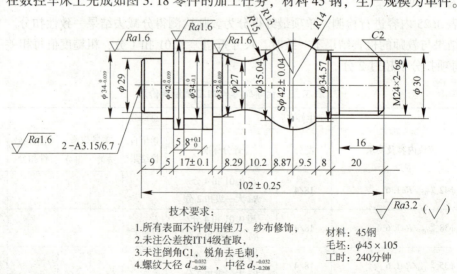

图 3.18

2. 资讯

_____

_____

_____

3. 计划

_____

_____

_____

_____

_____

4. 决策

1）工艺过程卡。

表 3.26　加工工艺过程卡

学院		机械加工工艺过程卡片		产品型号		零件图号	
				产品名称		零件名称	
材料牌号	45 钢	毛坯种类		棒料	毛坯外形尺寸	备注	
工序号	工序名称	工序内容		车间	设备	工艺装备	工时
编制		审核		批准		共　　页	第　　页

2）工序卡。

表 3.27　加工工序卡

学院		数控加工工序卡片			产品名称或代号	零件名称	材料	零件图号
							45 钢	
工序号	程序编号	夹具名称		夹具编号	使用设备		车间	
工步号	程序号	工步内容	刀具号	刀具	主轴转速 /(r·min^{-1})	进给速度 /(mm·min^{-1})	背吃刀量 /mm	量具

5. 实施

1）实施步骤。

2）实施过程记录。

6. 检测与评价

按表 3.28 内容进行检测。单项最终得分为教师检测得分减去结果一致性扣分。当学生的自检结果与教师的检查结果不一致时，尺寸每超差 0.01 扣 1 分，粗糙度值每相差一级扣 1 分，每项扣分不超过 2 分。

表 3.28　任务评价表

零件编号：		学生姓名：		总得分				
序号	模块内容及要求	配分	评分标准	学生自检结果	教师检测		结果一致性扣分	单项最终得分
					结果	得分		
1	$\phi 34_{-0.039}^{0}$　$Ra1.6$	8/2	每超差 0.01 扣 2 分，Ra 大一级扣 1 分					
2	$\phi 32_{-0.039}^{0}$　$Ra1.6$	8/2						
3	$\phi 34_{-0.10}^{0}$	6	不合格不得分					
4	$\phi 29$　$\phi 30$	2/2						
5	螺纹 $d_{-0.308}^{-0.038}$	1						
6	螺纹 $d_{2-0.039}^{-0.038}$（环规检测）两侧面 $Ra3.2$	8/2/2	每超差 0.01 扣 2 分，Ra 大一级扣 1 分					
7	螺距 $P=2$　小径	1/1	不合格不得分					
8	$s\phi 42\pm 0.04$	8	每超差 0.01 扣 2 分					
9	$\phi 27$、$\phi 35.04$、$\phi 34.57$	3×1	不合格不得分					
10	$\phi 42_{-0.039}^{0}$　$Ra1.6$	8/2	每超差 0.01 扣 2 分，Ra 大一级扣 1 分					

续表

零件编号：		学生姓名：		总得分				
序号	模块内容及要求	配分	评分标准	学生自检结果	教师检测		结果一致性扣分	单项最终得分
					结果	得分		
11	$8^{+0.10}_{0}$ 5	6/1	不合格不得分					
12	17±0.10	3						
13	10 处	10×0.5						
14	102±0.25 C2 C1	3/1/1						
15	其余 16 处 Ra3.2	16×0.5						
16	A3.15/6.7 Ra1.6	1/1						
17	5S 管理及纪律 1. 安全文明生产 （1）无违章操作情况 （2）无撞刀及其他事故 2. 机床维护与保养 3. 纪律与态度	0	违章操作、撞刀、出现事故、不按要求维护和保养机床扣 5~10 分/次；违反纪律、学习不积极、没有团队协作精神的扣 2 分/次					

7. 评估与总结

从以下几方面进行总结与反思。

1）对工件尺寸精度和表面质量进行评价，找出尺寸超差或表面质量缺陷的原因，提出改进方法。

2）对工艺合理性、加工效率、刀具寿命等方面进行评价，进一步优化切削参数。

3）对整个加工过程中出现的违反 5S 管理、安全文明生产等操作进行反思。

自我评估与总结。

_____

_____

_____

案例 3　大国工匠（三）

项目4　套（盘）类零件数控车削

套（盘）类零件一般由外圆，内孔，端面，台阶和沟槽等部件组成，是车削加工中最常见的零件，也是各类机械结构上常见的零件。套（盘）类通常起支撑、导向、连接及轴向定位等作用，如轴承套、汽缸套、夹具导向套、法兰盘、连接盘等。该类零件各表面的尺寸精度、形位精度和表面粗糙度要求通常较高。随着数控加工技术的普及，产品质量的要求不断提高，套（盘）类零件已大量采用数控车床进行加工。本项目要求学生掌握套（盘）类零件的数控车削工艺流程、加工程序的编制，并能独立操作机床按要求完成零件的加工。

【知识目标】

1. 了解典型套类零件数控车削的刀具类型及特性。
2. 掌握套类零件的测量方法。
3. 掌握内螺纹零件的数控车削加工工艺参数的选择方法。
4. 掌握G32、G90指令在内螺纹加工中的编程应用。
5. 掌握内螺纹的测量方法。

【能力目标】

1. 能根据零件图样分析套类零件加工工艺，确定工件安装定位方式与加工步骤。
2. 能根据零件加工要求准备刀具、量具、工具、夹具并正确使用。
3. 能编写典型套类零件的加工程序。
4. 能正确安装与找正套类零件。
5. 能用G92、G32等指令编写内螺纹加工程序。
6. 能独立操作数控车床，按图样要求完成套类零件的加工并控制零件尺寸。
7. 能对套类零件进行质量分析。

【素养目标】

1. 养成严格执行与职业活动相关的、保证工作安全和防止意外的规章制度的素养。
2. 树立效率意识、成本意识。
3. 养成严谨细致的工匠品质。

【学习导航】

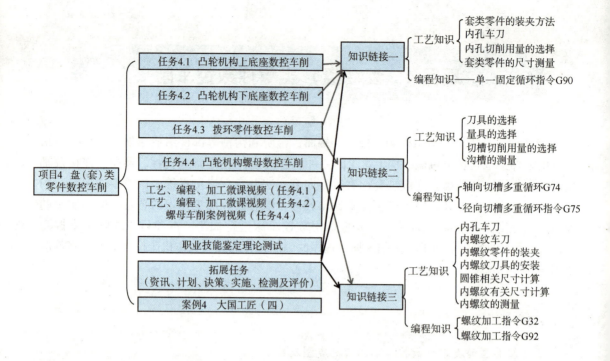

任务 4.1　凸轮机构上底座数控车削

任务描述与分析

图 4.1 所示为凸轮机构上底座零件，图 4.2 为凸轮机构上底座车削工序的零件。尝试根据图 4.2 的图样要求，完成凸轮机构上底座车削工序的加工任务，材料为 45 钢，毛坯规格 φ65×37，生产规模为单件、小批量。

分析图样。①两端面的平行度度要求≤0.06 mm；②φ28 内孔的直径公差及表面粗糙度要求较高，Ra≤1.6 μm；③其他外圆和内孔公差要求不高，表面粗糙度要求 Ra≤3.2 μm。

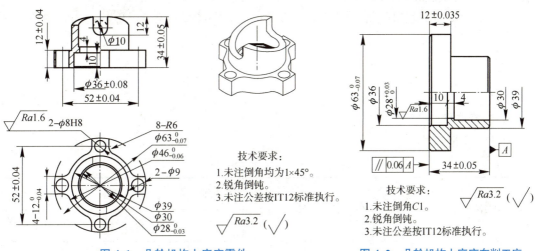

图 4.1　凸轮机构上底座零件　　　　图 4.2　凸轮机构上底座车削工序

计划

小贴士：成本、效率是产品的核心竞争力，合理选择凸轮机构上底座加工方案，优化加工参数是有效降低成本，提升效率的手段。

1. 设备选用

零件尺寸较小，可选择小型号的数控车床，如选择 CAK4085dj（FANUC-TD）系统。

2. 确定安装方式

用三爪卡盘安装，零件内孔中间小，两头大，需要两次装夹完成加工。

3. 确定工件加工步骤

1）装夹校正毛坯 φ65 mm，伸出长度约为 27 mm，车端面，钻孔 φ24。

2）粗精车左端外轮廓。

3）粗精车左端内孔 φ28×36，φ36×10。

项目 4　套（盘）类零件数控车削

4) 调头，打表校正，车端面取合总长及平行度至图样要求。

5) 粗精车右端外圆 φ39 及倒角。

6) 粗精车右端内孔 φ30 及倒角。

4. 选择刀具、量具、工具

1) 选用刀具。93°外圆（端面）车刀、内孔车刀一把，麻花钻头 φ24 mm 一支。

2) 选用量具。0~125 mm（0.02）游标卡尺、25~50 mm（0.01）千分尺、50~75 mm 千分尺、18~35 mm（0.01）内径量表。

5. 切削用量的选择

1) 粗车切削用量选择。粗车时背吃刀量取 $a_p \leq 2$ mm。进给量 f：切削外圆、端面时，f 取 0.18~0.25 mm/r，切削内孔时刀具刚性差，f 取 0.15~0.2 mm/min。主轴转速 s：切削外圆、端面时，s 取 550~600 r/min；切削内孔时，s 取 450~500 r/min。

2) 精车切削用量选择。背吃刀量 $a_p \leq 0.5$ mm，进给量 f 取 0.05~0.1 mm/r，主轴转速 s 取 800~1 200 r/min。

决策

1. 工艺过程卡编制

如表 4.1 所示。

表 4.1 上底座加工工艺过程卡

学院		机械加工工艺过程卡片		产品型号		零件图号	4
				产品名称	凸轮机构	零件名称	上底座
材料牌号	45 钢	毛坯种类	棒料	毛坯外形尺寸	φ65×37 mm	备注	
工序号	工序名称	工序内容	车间	设备	工艺装备		工时
10	下料	锯割下料	下料	锯床	液压平口钳、游标卡尺		
20	车削左端	车削左端各内、外圆台阶至尺寸	数控车削	数控车床	三爪卡盘 游标卡尺 千分尺		
30	车削右端	车削右端各内、外圆至尺寸	数控车削	数控车床	三爪卡盘、游标卡尺、外径千分尺、内径量表		
编制		审核		批准		共 页	第 页

2. 工序卡编制

如表 4.2 所示。

表 4.2　上底座加工工序卡（20 工序）

学院		数控加工工序卡片		产品名称或代号	零件名称	材料	零件图号
				凸轮机构	上底座	45 钢	4
工序号	程序编号	夹具名称	夹具编号	使用设备		车间	
20	O4001	三爪卡盘		数控车床 FANUC 0i-TD 系统		数控车削车间	
工步号	程序号	工步内容	刀具号	刀具	主轴转速 /(r·min^{-1})	进给量 /(mm·r^{-1})	背吃刀量 /mm	量具
1	O4001	装夹校正毛坯 φ65 mm，伸出长度约为 27 mm；手动车端面；预钻孔 φ24	1	外圆车刀	800			游标卡尺
2		粗车左端外圆 φ65×24，单边留余量 0.4 mm	1	外圆车刀	600	0.18	1.2	游标卡尺
3		精车左端外圆 φ65×24，保证尺寸达到图样要求	1	外圆车刀	1 200	0.1	0.4	千分尺
4		粗车左端内孔 φ28×36，φ36×10 单边留余量 0.3 mm	3	内孔车刀	500	0.18	1	游标卡尺
5		精车左端内孔 φ28×36，φ36×10，保证尺寸达到图样要求	3	内孔车刀	800	0.1	0.3	内径量表

表 4.3　上底座加工工序表（30）

学院		数控加工工序卡片		产品名称或代号	零件名称	材料	零件图号
				凸轮机构	上底座	45 钢	4
工序号	程序编号	夹具名称	夹具编号	使用设备		车间	
30	O4002	三爪卡盘		数控车床 FANUC 0i-TD 系统		数控车削车间	
工步号	程序号	工步内容	刀具号	刀具	主轴转速 /(r·min^{-1})	进给量 /(mm·r^{-1})	背吃刀量 /mm	量具
1	O4002	调头，打表校正，手动车端面取合总长至图样	1	外圆车刀	600			千分尺
2		粗车右端外圆 φ39×21.5，单边留余量 0.4 mm	1	外圆车刀	600	0.18	1	游标卡尺
3		精车右端外圆 φ39×22，保证尺寸达到图样要求	1	外圆车刀	1 200	0.1	0.4	千分尺
4		粗车右端内孔 φ30×20，单边留余量 0.4 mm	3	内孔车刀	500	0.18	1	游标卡尺
5		精车右端内孔 φ30×20，保证尺寸达到图样要求	3	内孔车刀	800	0.1	0.3	内径量表
6		检查，去毛刺，交付检验						

项目 4　套（盘）类零件数控车削

小贴士：生命至上，安全第一。安全生产，重在预防。请按规章制度要求开展凸轮机构上底座加工的各项操作。

1. 实施步骤

1）程序编制与录入。

编写上底座的加工程序如表 4.4 所示。

表 4.4　上底座的加工程序

GSK980TD/FANUC-TD 系统加工程序	说明
加工左端（程序原点设在左端中心处） T0101：90°外圆车刀 T0303：内孔车刀	车端面、外圆 车内孔
O4001;	程序名
G99;	进给速度单位 mm/r
G00 X150 Z200;	安全换刀点
T0101 M03 S600;	主轴正转 600 r/min，1 号刀
X65 Z2;	粗加工前的定位
G71 U1.2 R1 F0.18;	粗车循环的参数
G71 P1 Q2 U0.7 W0;	直径留 0.7 mm
N1 G00 X62;	循环开始，快速到 X62
G01 Z0 F0.10;	至倒角起点，进给值 0.1
X63 Z-0.5;	去毛刺 C0.5
Z-24 F0.20;	车外圆 $\phi63$ 至 24 mm 长
N2 X68;	径向退刀，循环截止
G00 X150 Z200;	安全换刀点
T0101 M03 S1200;	转速提高至 1 200 r/min，1 号刀
X65 Z2;	精加工前的定位
G70 P1 Q2;	精车循环，路径在 N1-N2 内
G00 X200 Z200;	回安全换刀点
T0303 M03 S450;	正转 450 r/min，换 3 号刀
X24 Z2;	粗加工前的定位
G71 U1 R1 F0.18;	粗车循环的参数
G71 P3 Q4 U-0.6 W0;	直径留 0.6 mm
N3 G00 X38;	循环开始，快速到 X38 处
G01 Z0 F0.10;	至倒角起点
X36 Z-1;	倒角 C1
Z-10 F0.16;	车 $\phi36$ 长度 10 mm
X28;	车内孔 28 的端面
Z-36;	长度车至 36 mm
N4 X25;	径向退刀，循环截止
G00 X150 Z200;	

续表

GSK980TD/FANUC-TD 系统加工程序	说明
T0303 M03 S800； X24 Z2； G70 P3 Q4； G00 X200 Z300； M30；	返回安全点 提高至 800 r/min，3 号刀 精加工前的定位 精车循环，路径在 N3-N4 内 返回（200，300）方便测量 程序结束
加工右端（程序原点设在右端中心处）	

T0101：90°外圆车刀
   T0303：内孔车刀
 	
   O4002；
   G99；
   G00 X150 Z200；
   T0101 M03 S600；
   X65 Z2；
   G71 U1.3 R1 F0.18；
   G71 P1 Q2 U0.7 W0；
   N1 G00 X38；
   G01 Z0 F0.10；
   X39 Z-0.5；
   Z-22 F0.20；
   N2 X68；
   G00 X150 Z200；
   T0101 M03 S1200；
   X65 Z2；
   G70 P1 Q2；
   G00 X200 Z200；
   T0303 M03 S450；
   X28 Z2；
   G71 U1 R1 F0.18；
   G71 P3 Q4 U-0.6 W0；
   N3 G00 X31；
   G01 Z0 F0.10；
   X30 Z-0.5；
   Z-20 F0.16；
   N4 X25；
   G00 X150 Z200；
   T0303 M03 S800；
   X28 Z2；
   G70 P3 Q4；
   G00 X200 Z300；
   M30；
	车端面、外圆
	 车内孔
	
	 程序名
	 进给速度单位 mm/r
	 安全换刀点
	 正转 600 r/min，1 号刀
	 粗加工前的定位
	 粗车循环的参数
	 直径留 0.7 mm
	 循环开始，到 X38 处
	 至倒角起点，进给值 0.1
	 去毛刺 C0.5
	 车外圆至 22 mm
	 径向退刀，循环截止
	 返回安全点
	 提高至 1 200 r/min，1 号刀
	 精加工前的定位
	 精车循环，路径在 N1-N2 内
	 回安全换刀点
	 正转 450 r/min，换 3 号刀
	 粗加工前的定位
	 粗车循环的参数
	 直径留余量 0.6 mm
	 循环开始，到 X31 处
	 至倒角起点，进给值 0.1
	 去毛刺 C0.5
	 加工 φ30 长度 20 mm
	 径向退刀，循环截止
	 安全换刀点
	 提高至 800 r/min，3 号刀
	 精加工前的定位
	 精车循环，参数在 N3-N4 内
	 回（200，300）方便测量
	 程序结束

2）试运行，检查刀路路径正确。

3）进行刀具、工、夹、量具的准备，安装工件。

4）装刀及对刀、建立坐标，以外圆车刀为基准刀。

5）检查刀补设置数据正确。

6）实施切削加工。

作为单件加工或批量加工的首件，为了避免尺寸超差引起报废，对刀后留 X 向的刀补余量 0.5 mm（加工内孔时为负值）再加工。精车后检查尺寸再修改刀补，跳段至精车开始段再执行运行加工。

2. 实施过程记录

_____
_____
_____

检测与评价

按表 4.5 内容进行检测。单项最终得分为教师检查得分减去结果一致性扣分。当学生的自检结果与教师的检查结果不一致时，尺寸每超差 0.01 扣 1 分，粗糙度每降一级扣 1 分，每项扣分不超过 2 分。

表 4.5 任务评价表

零件编号：		学生姓名：		总得分：				
序号	模块内容及要求	配分	评分标准	学生自检结果	教师检测		结果一致性扣分	单项最终得分
					结果	得分		
1	$\phi 63_{-0.07}^{0}/Ra3.2$	12/2	超差 0.01 扣 2 分/Ra 大一级扣 1 分					
2	$\phi 28_{0}^{+0.033}/Ra1.6$	14/4	超差 0.01 扣 2 分/Ra 大一级扣 2 分					
3	$\phi 36/Ra3.2$	5/2	不合格不得分/Ra 大一级扣 1 分					
4	$\phi 30/Ra3.2$	5/2	不合格不得分/Ra 大一级扣 1 分					
5	$\phi 39/Ra3.2$	5/2	不合格不得分/Ra 大一级扣 1 分					
6	平行度 0.06	10	不合格不得分					
7	12±0.035	9	不合格不得分					
8	34±0.05	9	不合格不得分					
9	其他长度	2	不合格不得分					
10	3 处倒角、4 处去毛刺	7×1	不合格不得分					
11	5S 管理及纪律 1. 实训过程符合 5S 规范 2. 安全文明生产 （1）无违章操作情况 （2）无撞刀及其他事故 3. 纪律与态度	10	违章操作、撞刀、出现事故、不按要求维护和保养机床扣 5~10 分/次；违反纪律、学习不积极、没有团队协作精神的表现扣 2 分/次					

评估与总结

从以下几方面进行总结与反思。

1) 对工件尺寸精度和表面质量进行评价，找出尺寸超差或表面质量缺陷的原因，提出改进方法。

2) 对工艺合理性、加工效率、刀具寿命等方面进行评价，进一步优化切削参数。

3) 对整个加工过程中出现的违反 5S 管理、安全文明生产等操作进行反思。

自我评估与总结。

_____
_____
_____
_____

知识链接

一、工艺知识

1. 套类零件的装夹方法（见二维码 4-1）

二维码 4-1

2. 内孔车刀（见二维码 4-2）

二维码 4-2

3. 内孔切削用量的选择

数控车床的刚性一般比普通车床差些。粗车时，背吃刀量 a_p 和进给量 f 的选择相对普通车床小一些。切削速度的选择，要求比普通车床的高。如果选用数控车床的专用刀具，精车时切削速度可取 v = 200 m/min 左右。

4. 套类零件的尺寸测量

二维码 4-3

二、编程指令

当加工的套类零件外圆台阶高度不太大、长度较长时可用 G90 指令编程,当台阶高度大而长度短时,可用端面(锥面)循环指令 G94 来编程。

1. 端面(锥面)粗车循环指令—G94

该指令主要用于盘套类零件的粗加工工序。

指令格式:G94 X(U)_ Z(W)_ R_ F_

其中:

(1) X_ Z_为端面切削终点绝对坐标值。

(2) U_ W_为切削终点相对于刀具起点的增量坐标值。

(3) R_为切削循环起点 C 与循环终点 B 的 Z 轴方向坐标值之差。

当 $R=0$ 时,为端面切削循环,R 可省略,轨迹如图 4.3 所示。

当 $R\neq 0$ 时,为锥面切削循环,如图 4.4 所示。当 R<0,切削锥面的轨迹为顺锥。

当 $R>0$,切削锥面的轨迹为倒锥。

当 G94 指令运行结束时,车刀返回到刀具起点。

图 4.3　G94 端面切削循环

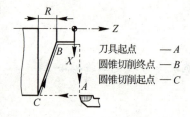

图 4.4　G94 带锥度的端面切削循环

例 4.1.1　图 4.5 所示为零件台阶面,应用 G94 指令编写加工程序编程如下(分三次走刀车削)。

……

N100 G00 X102 Z2　　(确定 G94 起点位置 A)

N110 G94X50Z-3F100　(第一次循环,背吃刀量 3 mm)

N120 Z-6　　　　　　 (第二次循环,背吃刀量 3 mm)

N130 Z-10　　　　　　(第三次循环,背吃刀量 4 mm)

……

例 4.1.2　图 4.6 所示为带锥度端面,应用 G94 指令编写加工程序,编程如下。

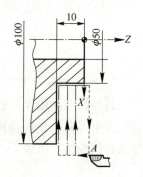

图 4.5　G94 端面切削循环实例

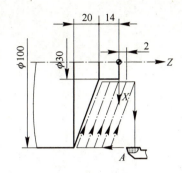

图 4.6　G94 带锥度的端面切削循环实例

……

N100G99 G00 X102 Z2　　　　　（确定 G94 起点位置 A，G99 F 的单位变为 mm/r）
N110 G94 X30 Z-3 R-20 F0.2　　（第一次循环，背吃刀量 3 mm 锥面长度 R=-20 mm）
N120 Z-5　　　　　　　　　　　（第二次循环）
N130 Z-8　　　　　　　　　　　（第三次循环）
N140 Z-11　　　　　　　　　　 （第四次循环）
N150 Z-14　　　　　　　　　　 （第五次循环）
……

2）切削内孔编程指令。

粗车时，可用 G90 循环指令编程，精车时，可用单一指令编程。

例 4.1.3　如图 4.7 所示工件的 $\phi20\times45$ 内孔，孔的加工余量为 2 mm，粗车至 $\phi19.8$，编程如下。

……

N60G99 G00 X100 Z100
N70 T0202（换内孔粗车刀）
N80 M03 S300
N90 G00 X18 Z2
N100 G90 X19 Z-46 F0.2
N110 X19.8　（粗车完毕）
N120 G00 X100 Z100
……

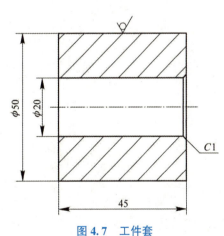

图 4.7　工件套

任务4.2　凸轮机构下底座数控车削

任务描述与分析

如图4.8所示为凸轮机构下底座，图4.9为下底座车削工序。试根据图4.9的图样要求，完成下底座车削工序的加工任务，材料为45钢，毛坯规格 φ65×33。生产规模为单件、小批量。

分析图样。（1）两端面的平行度度要求为≤0.06 mm。（2）φ28内孔的直径公差及表面粗糙度要求较高 Ra≤1.6 μm。（3）其他外圆和内孔公差要求不高，表面粗糙度要求 Ra≤3.2 μm。

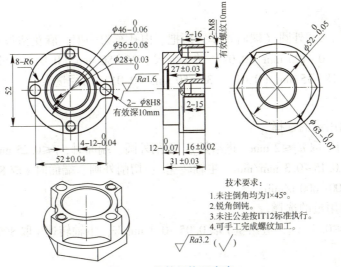

图4.8　凸轮机构下底座

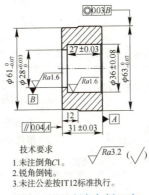

图4.9　下底座车削工序

计划

> **小贴士**：成本、效率是产品的核心竞争力，合理选择凸轮机构下底座加工方案，优化加工参数是有效降低成本，提升效率的手段。

项目4　套（盘）类零件数控车削

1. 设备选用

零件尺寸较小,可选择小型号的数控车床,如 CAK4085dj 型号。

2. 确定安装方式

采用三爪卡盘装夹,两次装夹完成加工。

3. 确定工件加工步骤

1)装夹毛坯外圆,伸出长度约为 26 mm,找正夹紧,钻通孔,车平端面。
2)粗精车右端外圆 φ63×20。
3)粗精车内孔 φ36×27、φ28×35。
4)工件调头装夹 φ63 外圆,找正夹紧,车平端面,取总长 31 至图 4.18 要求。
5)粗精车外圆 φ61×12。

4. 选择刀具、量具、工具

1)选用刀具。93°外圆(端面)车刀两把、内孔车刀一把、麻花钻头 φ24 mm 一支。
2)选用量具。0~125 mm(0.02)游标卡尺、25~50 mm(0.01)千分尺、50~75 mm(0.01)千分尺、18~35 mm(0.01)、35~50 mm(0.01)内径量表。

5. 切削用量的选择

1)粗车切削用量的选择。

粗车时背吃刀量取 $a_p \leq 2$ mm。进给量 f:切削外圆、端面时,$f \leq 0.25$ mm/r,切削内孔时刀具刚性差,f 取 $0.15 \sim 0.3$ mm/min。主轴转速 s:切削外圆、端面时 s 取 $800 \sim 1\,000$ r/min,切削内孔时 s 取 $600 \sim 800$ r/min。

2)精车切削用量的选择。

背吃刀量 $a_p \leq 0.5$ mm,进给量 f 取 $0.05 \sim 0.1$ mm/r,主轴转速 s 取 $800 \sim 1\,200$ r/min。

1. 工艺过程卡

表 4.6 下底座加工工艺过程卡

学院		机械加工工艺过程卡片		产品型号		零件图号	7
				产品名称		零件名称	下底座
材料牌号	45钢	毛坯种类	棒料	毛坯外形尺寸	φ65×33	备注	
工序号	工序名称	工序内容	车间	设备	工艺装备		工时
10	下料	锯割下料	下料	锯床	液压平口钳游标卡尺		
20	车削右端	车削右端外圆、内孔	数控车	数控车床	三爪卡盘、游标卡尺、外径千分尺、内径量表		
30	车削左端	车削左端外圆	数控车	数控车床	三爪卡盘、游标卡尺、外径千分尺		
编制		审核		批准		共 页	第 页

2. 工序卡

表4.7 下底座加工工序卡（20工序）

学院		数控加工工序卡片		产品名称或代号	零件名称	材料	零件图号
				凸轮机构	下底座	45钢	7
工序号	程序编号	夹具名称	夹具编号	使用设备		车间	
20	O7001~O7002	三爪卡盘		数控车床FANUC 0i-TD系统		数控车削车间	
工步号	程序号	工步内容	刀具号	刀具	主轴转速 /(r·min^{-1})	进给量 /(mm·r^{-1})	背吃刀量 /mm	量具
1	O7001	装夹毛坯外圆，伸出长度约为26mm，找正夹紧，钻通孔		ϕ22麻花钻	300	0.2		
2		车平端面，总长留余量约2 mm	1	外圆车刀	800	0.2	0.5	游标卡尺
3		粗车右端外圆ϕ63×20，留余量0.5 mm	1	外圆车刀	800	0.2	1	游标卡尺
4		精车右端外圆ϕ63×20尺寸至图样要求	2	外圆车刀	1 200	0.1	0.4	外径千分尺
5	O7002	粗车内孔ϕ36×27、ϕ28×35留余量0.4 mm	3	内孔车刀	600	0.2	0.7	游标卡尺 内径量表
6		精车内孔ϕ36×27、ϕ28×35尺寸至图样要求	3	内孔车刀	1 000	0.1	0.3	内径量表

表4.8 下底座加工工序卡（30工序）

学院		数控加工工序卡片		产品名称或代号	零件名称	材料	零件图号
				凸轮机构	下底座	45钢	7
工序号	程序编号	夹具名称	夹具编号	使用设备		车间	
30	O7003	三爪卡盘		数控车床FANUC 0i-TD系统		数控车削车间	
工步号	程序号	工步内容	刀具号	刀具	主轴转速 /(r·min^{-1})	进给量 /(mm·r^{-1})	背吃刀量 /mm	量具
1	O7003	工件调头装夹ϕ63外圆，找正夹紧，车平端面，取总长31至图样要求	1	外圆车刀	800			游标卡尺
2		粗车外圆ϕ61×12，留余量0.5 mm	1	外圆车刀	800	0.2	1	游标卡尺
3		精车外圆ϕ61×12尺寸至图样要求	2	外圆车刀	1 200	0.1	0.5	外径千分尺
4		锐边倒钝	4	45°外圆车刀	800			

实施

> **小贴士**：生命至上，安全第一。安全生产，重在预防。请按规章制度要求开展凸轮机构下底座加工的各项操作。

1. 实施步骤

1）程序编制及录入。

用 GSK980TD/FANUC-TD 系统编写下底座的数控加工程序如表 4.9 所示。

表 4.9 下底座的数控加工程序

加工右端外圆程序（程序原点设在右端中心处）	说明
T0101：93°外圆车刀 T0303：内孔车刀 O7001； G99； G00 X100 Z50； M03 S800； T0101； X65 Z2； G71 U1R1； G71 P1 Q2 U0.5 W0 F0.2； N1 G00 X61； G01 Z0 F0.1； X63 Z-1； N2 Z-20； G00 X100 Z50； T0101 M03 S1200； X65 Z2； G70P1Q2； G00X100Z50； M30；	 程序号 进给速度单位 mm/r 快速定位至安全换刀点 主轴正转，800 r/min 换 1 号刀，执行 1 号刀补 刀具快速定位 每次切深 1 mm、退刀 1 mm 对 N1~N2 段程序轮廓粗车加工，留余量：X 方向 0.5 mm，Z 方向 0，每转进给量 0.2 mm 刀具快速定位到 X61 车刀移到端面 倒角 车削外圆 $\phi63$ mm，长 20 mm 刀具快速返回换刀点 主轴正转，1 200 r/min 快速定位 轮廓精加工 安全换刀点 程序结束
加工内孔程序（程序原点设在右端中心处）	
T0202：内孔粗车刀 T0303：内孔精车刀 O7002； G99； G00 X100 Z100； M03 S600； T0202； X22； Z2； G71 U0.7R0.3；	 程序号 进给速度单位 mm/r 安全换刀点 主轴正转，600 r/min 内孔粗车刀 X 向快速定位 Z 向快速定位 每次切深 0.7 mm、退刀 0.3 mm

116 ▪ 零件数控车削加工

续表

加工右端外圆程序（程序原点设在右端中心处）	说明
G71 P1 Q2 U-0.3 W0 F0.2;	对 N1~N2 段程序轮廓粗车加工，留余量：X 方向 -0.3 mm、Z 方向 0
N1 G00 X38;	快速定位到 X38
G01 Z0 F0.1;	车刀移到端面
X36 Z-1;	倒角
Z-27;	车削内孔 $\phi36$
X28.8;	车 $\phi36$ 台阶平面
X28 W-0.4;	锐边倒角 0.4×45°
N2 Z-35;	车削内孔 $\phi28$
G00 X100 Z100;	安全换刀点
M03 S1000;	主轴正转，1 000 r/min
T0303;	内孔精车刀
X22;	X 向快速定位
Z2;	Z 向快速定位
G70 P1 Q2;	轮廓精加工
G00 X100 Z100;	安全换刀点
M30;	程序结束
加工左端外圆程序（程序原点设在左端中心处）	
T0101：93°外圆车刀	
O7003;	程序号
G99;	进给速度单位 mm/r
G00 X100 Z50;	安全换刀点
M03 S800;	主轴正转，800 r/min
T0101;	外圆车刀
X65 Z2;	快速定位
G71 U1 R1;	每次切深 2 mm、退刀 2 mm [直径]
G71 P1 Q2 U0.5 W0 F0.2;	对 N1 段至 N2 段粗车加工，余量 X 方向 0.5 mm、Z 方向 0
N1 G00 X59;	快速定位到 X59
G01 Z0 F0.1;	车刀移到端面
X61 Z-1;	倒角
Z-12;	车削外圆 $\phi61$
N2 X64 W-1.5;	倒角
G00 X100 Z50;	安全换刀点
M03 S1200;	主轴正转，1 200 r/min
T0101;	换 1 号刀
X65 Z2;	快速定位
G70 P1 Q2;	轮廓精加工
G00 X100 Z50;	安全换刀点
M30;	程序结束

2）试运行，检查刀路路径正确。

3）进行刀具、工、夹、量具的准备，安装工件。

4）装刀及对刀、建立坐标，以外圆车刀为基准刀。

5）检查刀补设置数据正确。

6）实施切削加工。

作为单件加工或批量加工的首件，为了避免尺寸超差引起报废，对刀后留 X 向的刀补余量 0.5（注意内孔时为负值）再加工；精车后检查尺寸再修改刀补，跳段至精车开始段再执行运行加工。

2. 实施过程记录

_____

_____

_____

检测与评价

按表 4.10 内容进行检测。单项最终得分为教师检测得分减去结果一致性扣分。当学生的自检结果与教师的检查结果不一致时，尺寸每超差 0.01 扣 1 分，粗糙度值每相差一级扣 1 分，每项扣分不超过 2 分。

表 4.10 任务评价表

零件编号：		学生姓名：		总得分				
序号	模块内容及要求	配分	评分标准	学生自检结果	教师检测		结果一致性扣分	单项最终得分
					结果	得分		
1	$\phi 61_{-0.07}^{0}/Ra3.2$	10/2	超差 0.01 扣 2 分，Ra 大一级扣 1 分					
2	$\phi 28_{0}^{+0.033}/Ra1.6$	12/3						
3	$\phi 36\pm 0.08/Ra1.6$	8/3	不合格不得分，Ra 大一级扣 1 分					
4	$\phi 63_{-0.07}^{0}/Ra3.2$	10/2	超差 0.01 扣 2 分，Ra 大一级扣 1 分					
5	同轴度 0.03	9	超差 0.01 扣 2 分					
6	平行度 0.04	10						
7	27±0.03	6	不合格不得分					
8	31±0.03	6						
9	其他长度	2						
10	4 处倒角、3 处去毛刺	7×1						
11	5S 管理及纪律 1. 实训过程符合 5S 规范 2. 安全文明生产 （1）无违章操作情况 （2）无撞刀及其他事故 3. 纪律与态度	10	违章操作、撞刀、出现事故、不按要求维护和保养机床扣 5~10 分/次；违反纪律、学习不积极、没有团队协作精神的扣 2 分/次					

评估与总结

从以下几方面进行总结与反思。

1) 对工件尺寸精度和表面质量进行评价,找出尺寸超差或表面质量缺陷的原因,提出改进方法。

2) 对工艺合理性、加工效率、刀具寿命等方面进行评价,进一步优化切削参数。

3) 对整个加工过程中出现的违反 5S 管理、安全文明生产等操作进行反思。

自我评估与总结。

_____

_____

_____

任务 4.3　拨环零件数控车削

任务描述与分析

图 4.10 所示为拨环零件，它的外圆上有一条径向矩形槽，该零件是安装在机器轴上的，其作用是通过安装在矩形槽上的拨块来推动同一轴上的其他零件做轴向移动。试根据图样要求，完成拨环零件车削工序的加工任务，材料为 45 钢，毛坯规格 $\phi50\times55$。生产规模为单件、小批量。

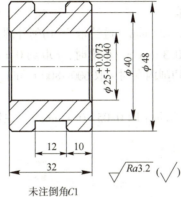

图 4.10　拨环零件

图样分析。拨环的外轮廓尺寸为 $\phi48\times32$，各加工表面质量要求不高，尺寸精度只有 $\phi25_{+0.040}^{+0.073}$ 有公差要求，其他为自由尺寸。

计划

> **小贴士**：成本、效率是产品的核心竞争力，合理选择拨环加工方案，优化加工参数是有效降低成本，提升效率的手段。

1. 设备选用

加工对象尺寸较小，可选择小型号的数控车床，如 CAK4085dj、SKC6140 等型号。

2. 确定安装方式

分 2 次进行工装，在首次装夹中，完成右端部分的内孔、槽及外圆的尺寸要求，第二次装夹完成左端端面车削并倒角，保证总长尺寸要求。

3. 确定工件加工步骤

1）夹毛坯 $\phi50$ 外圆，伸出约 45 mm（如果批量生产可考虑一次装夹加工两件）。
2）钻孔 $\phi23\times35$ mm（钻孔深度根据加工件数确定）。
3）粗、精车端面、$\phi48$ 外圆。

项目 4　套（盘）类零件数控车削

4) 粗、精车内孔 $\phi25\times33$ 至尺寸，倒内角。

5) 切沟槽至尺寸，然后切断工件，长度 32.5 mm。

6) 工件调头装夹（可用铜皮包夹外圆），车合总长，倒内、外角。

4. 选择刀具、量具、工具

1) 选用刀具。93°外圆（端面）车刀两把、内孔车刀一把、切槽刀（刀头宽为 3 mm）、麻花钻头 $\phi23$ mm 一支。

2) 选用量具。0~125 mm（0.02）游标卡尺、25~50 mm（0.01）千分尺、18~35 mm（0.01）内径量表。

5. 切削用量的选择

1) 粗车时切削用量的选择。

内外圆粗车时背吃刀量取 $a_p \leq 2$ mm。进给量 f：切削外圆、端面时，$f \leq 0.25$ mm/r，切削内孔时刀具刚性差，f 取 0.15~0.3 mm/r，车槽时，f 取约 0.1 mm/r。主轴转速 s：切削外圆、端面时 s 取 800~1 200 r/min，切削内孔时 s 取 600~800 r/min，车槽转速 350~400 r/min。

2) 精车切削用量选择。

背吃刀量 $a_p \leq 0.5$ mm，进给量 f 取 0.05~0.1 mm/r，主轴转速 s 取 800~1 200 r/min。

决策

1. 工艺过程卡

表 4.11 拨环零件加工工艺过程卡

学院		机械加工工艺过程卡片		产品型号		零件图号	
				产品名称		零件名称	拨环
材料牌号	45 钢	毛坯种类	棒料	毛坯外形尺寸	$\phi50\times47$	备注	
工序号	工序名称	工序内容	车间	设备	工艺装备		工时
10	下料	锯割下料	下料	锯床	液压平口钳、游标卡尺		
20	车削外圆台阶、槽	车削端面、各内外圆和槽至尺寸	数控车	数控车床	三爪卡盘、游标卡尺、外径千分尺、内径量表		
30	平端面	平端面，保总长，倒内外角	数控车	数控车床	三爪卡盘、游标卡尺		
编制		审核		批准		共 页	第 页

2. 工序卡

表 4.12 加工工序卡（20 工序）

学院		数控加工工序卡片		产品名称或代号	零件名称	材料	零件图号
					拨环	45 钢	
工序号	程序编号	夹具名称	夹具编号	使用设备		车间	
20	O2201	三爪卡盘		数控车床 FANUC 0i-TD 系统		数控车削	
工步号	程序号	工步内容	刀具号	刀具	主轴转速 /(r·min^{-1})	进给速度 /(mm·min^{-1})	背吃刀量 /mm	量具
1		夹毛坯 φ50 外圆，伸出约 35 mm						钢直尺
2		钻孔 φ23×35 mm		φ23 麻花钻头	400			游标卡尺
3		平端面、粗车 φ48 外圆	1	外圆车刀	500	100	1	游标卡尺
4		精车 φ48 外圆至尺寸	1	外圆车刀	800	60	0.25	千分尺
5	O2201	粗车 φ25 内孔	2	内孔车刀	400	90	0.8	游标卡尺
6		精车 φ25 内孔至尺寸	2	内孔车刀	600	60	0.2	内径量表 游标卡尺
7		车槽至尺寸，然后切断工件，长度 32.5 mm	3	切槽刀	300	30		游标卡尺
8	O2202	工件调头装夹（可用铜皮包夹外圆），车合总长，倒内、外角	2	外圆车刀	500	80		游标卡尺

实施

> **小贴士**：生命至上，安全第一。安全生产，重在预防。请按规章制度要求开展拨环零件加工的各项操作。

1. 实施步骤

1) 加工程序编制并录入。

拨环的加工参考程序如表 4.13。

表 4.13 在 GSK980TD/FANUC-TD 系统上加工拨环的程序

GSK980TD/FANUC-TD 系统的加工程序	说明
程序原点设在右端中心处 T0101：93° 外圆、端面车刀； T0202：内孔车刀； T0303：切断、切槽车刀（刀头宽 a=3）。	Z 向对刀用左侧刀尖

续表

GSK980TD/FANUC-TD 系统的加工程序	说明
O2201;	程序名
G00 X100 Z150;	安全换刀点
T0101;	换 1 号刀，执行 1 号刀补
M03 S500;	主轴正转，500 转/分钟
G00 X52 Z0;	车刀快速定位至（X52 Z0）
G98	进给单位 mm/min
G01 X23 F100;	车端面
G00 Z2;	快速移动至 Z2
X50;	快速移动至 X50
G90 X48.5 Z-35 F100;	粗车外圆
S800;	转速 800 r/min
G00 X44 Z1;	车刀快速定位至（X44，Z1）
G01 X48 Z-1 F60;	倒角（C1）
Z-35;	精车 ϕ48 外圆
X51;	X 轴退出
G00 X100 Z150;	快速将车刀退至安全换刀点
T0202;	换 2 号刀，执行 2 号刀补
M03 S400;	主轴正转，400 r/min
G00 X23 Z2;	车刀快速定位至（X23 Z2）
G90 X24.6 Z-33 F90;	粗车内孔
S600;	主轴正转，600 r/min
G00 X29 Z1;	车刀快速定位至（X29 Z1）
G01 X25.04 Z-1 F60;	倒角（C1）
Z-33;	精车内孔
X24;	X 轴退出
G00 Z2;	快速退刀
G00 X100 Z150;	快速将车刀退至安全换刀点
T0303;	换 3 号刀，执行 3 号刀补
M03 S300;	主轴正转，300 r/min
M98 P12211;	调用子程序程（子程序名 O2211）
G00 X100 Z150;	子程序程结束返回该段
M98 P12212;	调用子程序程（子程序名 O2212）
G00 X100 Z100;	子程序程结束返回该段
M30;	程序结束停止
O2202;	程序名（车另一端）
G00 X100 Z150;	快速将车刀退至安全换刀点
T0101;	换 1 号刀，执行 1 号刀补
M03 S500;	主轴正转，500 r/min
G00 X51 Z-2.5;	车刀快速定位至（X51 Z-2.5）
G01 X46 Z0 F90;	倒角
X24;	车端面
G00 X100 Z150;	快速将车刀退至安全换刀点

续表

GSK980TD/FANUC-TD 系统的加工程序	说明
T0202；	换 2 号刀，执行 2 号刀补
G00 X29 Z1；	倒角前定位
G01 X24 Z-1.5 F80；	倒角
G00 Z2；	安全退至（Z2）
X100 Z150；	快速将车刀退至安全换刀点
M30；	程序结束停止
O2211；	子程序名
G00 X51 Z-13；	车刀快速定位至（X51 Z-13）
G75 R1；	G75 切槽循环
G75 X40 Z-22 P3000 Q2800 F30；	G75 切槽循环
G00 W1；	倒角前定位（Z 向）
G01 X48 F30；	倒角前定位（X 向）
X46 W-1；	倒角（槽右侧）
X39.9；	车槽右侧面
Z-22；	再将槽底车平
G00 X49；	倒角前定位（X49）
Z-23.5；	倒角前定位（Z-23.5）
G01 X46W1.5 F30；	倒角（槽左侧）
G00 X51；	X 轴退出
M99；	从子程序返回
O2212；	子程序名
G00 X52 Z-35.5；	车刀快速定位至（X52 Z-35.5）
G75 R1；	G75 切断
G75 X24 W0 P3000 Q0 F30；	G75 切断
M99；	从子程序返回

2) 试运行，检查刀路路径正确。
3) 进行刀具、工、夹、量具的准备，安装工件。
4) 装刀及对刀、建立坐标，以外圆车刀为基准刀。
5) 检查刀补设置数据正确。
6) 实施切削加工。

作为单件加工或批量加工的首件，为了避免尺寸超差引起报废，应在对刀后留 X 向的余量 0.5（注意：加工内孔时为负值）再加工，精车后检查尺寸再修改刀补，跳段至精车开始段再执行运行加工。

2. 实施过程检测记录

检测与评价

按表 4.14 内容进行检测。单项最终得分为教师检测得分减去结果一致性扣分。当学生的自检结果与教师的检查结果不一致时,尺寸每超差 0.01 扣 1 分,粗糙度值每相差一级扣 1 分,每项扣分不超过 2 分。

表 4.14 任务评价表

零件编号:		学生姓名:		总得分				
序号	模块内容及要求	配分	评分标准	学生自检结果	教师检测		结果一致性扣分	单项最终得分
					结果	得分		
1	$\phi25$ $Ra1.6$	15/5	超差 0.01 扣 2 分/Ra 大一级扣 2 分					
2	$\phi48$、$\phi40$(IT14)	2×10	不合格不得分					
3	12(IT14)	10						
4	10(IT14)	5						
5	32(IT14)	7						
6	六处 $Ra3.2$	6×2						
7	六处倒角	6×1						
8	5S 管理及纪律 1. 安全文明生产 (1)无违章操作情况 (2)无撞刀及其他事故 2. 机床维护与环保 3. 纪律与态度	20	违章操作、撞刀、出现事故者、机床不按要求维护保养扣 5~10 分/次;遵守纪律、学习积极、有互助与团队协作精神方面,违反扣 2 分/次					

评估与总结

从以下几方面进行总结与反思。

1)对工件尺寸精度和表面质量进行评价,找出尺寸超差或表面质量缺陷的原因,提出改进方法。

2)对工艺合理性、加工效率、刀具寿命等方面进行评价,进一步优化切削参数。

3)对整个加工过程中出现的违反 5S 管理、安全文明生产等操作进行反思。

自我评估与总结。

_____
_____
_____
_____

知识链接

一、工艺知识

1. 刀具的选择

加工该类需要用到如图 4.20 所示的车刀,刀头材料常采用 YT15 硬质合金涂层数控刀片。

1)外圆、端面车刀形状如图 4.11(a)所示,刀片刀尖角采用 80°,主偏角为 95°,副偏角为 5°,既可车外圆,又可以车端面。

2)内孔车刀形状如图 4.11(b)所示,刀片刀尖角采用 80°,可用于车削通孔或台阶孔。

3)切槽刀形状如图 4.11(c)所示,用于切槽、切断,取刀头宽为 3 mm。

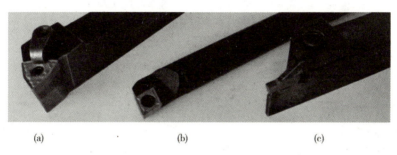

图 4.11 车刀的选择

(a)外圆、端面车刀形状;(b)内孔车刀形状;(c)切槽刀形状

2. 量具的选择

根据零件精度,可选用 0~125 mm(0.02)游标卡尺、25~50(0.01)外径千分尺、18~35 mm(0.01)内径量表。

3. 切槽时切削用量的选择

1)背吃刀量 a_p 的选择。

(1)在粗车矩形槽时,背吃刀量 a_p 等于切槽刀刀头宽,一般选择刀头宽等于 3 mm 左右,循环进给切削时,每次循环切刀偏移量应小于刀头宽,保证槽底平整。进给量 f 的选择相对普通车床加工小一些,切削速度的选择相对普通机床加工高一些。

(2)精车时,背吃刀量 $a_p \leq 0.5$ mm。

2)进给量 f 的选择。

由于切槽刀的刀头强度比其他车刀低,车刀又主要是受径向切削阻力的作用,当进给量太大时,容易使切槽刀折断,所以,粗车时,应适当的减小进给量,具体数值根据工件和刀具材料来决定。本模块切槽加工选用硬质合金切槽刀,切槽、切断时,取 $f \leq 0.2$ mm/r,编程中 f 取 30 mm/min。

3)切削速度 v 的选择。

在切槽时,刀具刚性差,易产生振动,切削速度应比车削外圆低 40% 左右。切槽刀采用硬质合金材质，切削速度取 40~50 m/min。根据切削的零件直径，可由切削速度计算公式换算出主轴转速 s，按经验选择 s 取 350~400 r/min。

4. 沟槽的测量

沟槽直径可用千分尺或游标卡尺、卡钳等工具测量。沟槽宽度可用钢直尺、样板、游标卡尺等工具测量。图 4.12 所示是测量较高精度沟槽的两种方法。

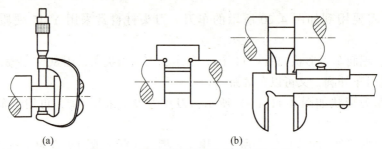

图 4.12　测量较高精度沟槽的两种方法
（a）用外径千分尺测量沟槽直径；（b）用样板、游标卡尺测量沟槽宽度

二、编程指令

1. 轴向切槽多重循环 G74

指令格式：G74 R (e)；
G74 X(U)_ Z(W)_ P(Δi) Q(Δk) R(Δd) F_；

其中

R (e)：每次沿轴向（Z 方向）切削 Δk 后的退刀量，单位为 mm，无符号。

X：切削终点 X 方向的绝对坐标值，单位为 mm。

U：X 方向上，切削终点与起点的绝对坐标的差值，单位为 mm。

Z：切削终点 Z 方向的绝对坐标值，单位为 mm。

W：Z 方向上，切削终点与起点的绝对坐标的差值，单位为 mm。

P (Δi)：X 方向的每次循环的切削量，单位为 0.001 mm，半径值；无符号。

Q (Δk)：Z 方向的每次切削的进刀量，单位为 0.001 mm，无符号。

R (Δd)：切削到轴向（Z 方向）切削终点后，沿 X 方向的退刀量，单位为 mm，半径值；缺省 X（U）和 P（Δi）时，默认为 0。

F：切削进给速度。

在执行该指令时，刀具的运行轨迹如图 4.13 所示。

例 4.1.4　应用 G74 指令编写如图 4.14 所示零件的加工程序。选定切端面槽刀头宽度为 3 mm，对刀刀位点如图 4.15 所示。

　　………
　　N100 G00 X120 Z80；　　　　　　（快速定位）
　　N110 M03 S400；　　　　　　　　（启动主轴，置转速 400 r/min）
　　N120 G00 X54 Z5；　　　　　　　（定位到加工循环起点）
　　N130 G74 R1；　　　　　　　　　（加工循环）

N140G74 X30 Z-10 P2500 Q2500 F40;
N150 G00 X120 Z80;   （退刀）
N160M30;   （程序结束）

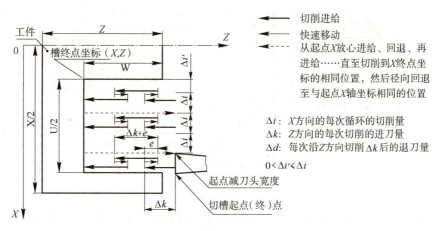

图 4.13

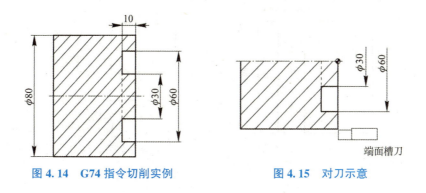

图 4.14　G74 指令切削实例　　　　图 4.15　对刀示意

2. 径向切槽多重循环 G75

指令格式：G75 R(e);
　　　　　G75 X(U)_ Z(W)_ P(Δi) Q(Δk) R(Δd) F_;

其中

R(e)：每次沿径向（X方向）切削 Δi 后的退刀量，单位为 mm，无符号。

X：切削终点 X 方向的绝对坐标值，单位为 mm。

U：X 方向上切削终点与起点绝对坐标的差值，单位为 mm。

Z：切削终点 Z 方向的绝对坐标值，单位为 mm。

W：Z 方向上，切削终点与起点的绝对坐标的差值，单位为 mm。

P(Δi)：X 方向的每次循环的切削量，单位为 0.001 mm，无符号，半径值。

Q(Δk)：Z 方向的每次切削的进刀量，单位为 0.001 mm，无符号。

R(Δd)：切削到径向（X方向）切削终点时，沿 Z 方向的退刀量，单位为 mm，省略时 Z(W) 和 Q(Δk) 时，则视为 0。

项目 4　套（盘）类零件数控车削　129

F：切削进给速度。

在执行该指令时，刀具的运行轨迹如图 4.16 所示。

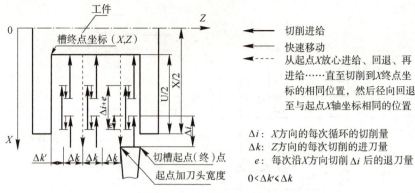

图 4.16　G75 指令运行轨迹

例 4.1.5　应用 G75 指令编写如图 4.17 所示零件的加工程序。选定切槽刀刀头宽度为 3 mm，对刀刀位点如图 4.18所示。

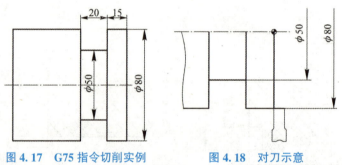

图 4.17　G75 指令切削实例　　　　图 4.18　对刀示意

………

N100 G00 X120 Z80；　　　　（快速定位）
N110 M03 S400；　　　　　　（启动主轴，置转速 400 r/min）
N120 G00 X82 Z-18；　　　　 （定位到加工起始点）
N130 G75 R1；　　　　　　　（加工循环）
N140 G75 X50 Z-35 P2500 Q2500 F40；
N150 G00 X120 Z80；　　　　（退刀）
N160 M30；　　　　　　　　　（程序结束）

3. 子程序调用循环指令

二维码 4-4

【上底座数控车削案例教学视频】

 上底座数控车削——
加工工艺分析

 上底座数控车削——
指令准备与程序编制

 上底座数控车削——
加工过程

【下底座数控车削案例教学视频】

 下底座数控车削——
加工工艺分析

 下底座数控车削——
指令准备与程序编制

 下底座数控车削——
加工过程

任务 4.4　凸轮机构螺母数控车削

任务描述与分析

如图 4.19 所示，螺母零件是机械产品中常见的紧固零件，试根据图样要求，完成螺母零件的加工，材料为 45 钢，毛坯规格 φ50×30。生产规模为单件、小批量。

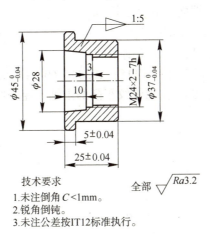

技术要求
1. 未注倒角 $C<1mm$。
2. 锐角倒钝。
3. 未注公差按IT12标准执行。

图 4.19　螺母零件

分析图样。通孔内三角螺纹规格为 M24×2，螺距 2 mm，长度 12 mm。外圆 $\phi 45_{-0.039}^{0}$、$\phi 37_{-0.039}^{0}$ 精度要求较高，需控制尺寸。要避免高速车削时，由于刀杆刚性不足引起振动而影响牙形表面质量。

计划

> **小贴士**：细节决定成败，请严谨细致地进行内螺纹零件加工相关尺寸计算，确定螺母加工方案。

1. 设备选用

加工对象尺寸较小，可选择小型号的数控车床，如 CAK4085dj、SKC6140 等型号。

2. 确定安装方式

采取三爪卡盘安装，在一次装夹中完成各外圆、右端面、倒角和切断工件。调头安装，取合长度并倒角。

3. 内螺纹有关尺寸计算

1) 小径。普通三角螺纹小径 $D_1=D-1.082\ 5P=24-1.082\ 5\times2=21.835$。

查普通螺纹公差表，确定底孔直径 D_1 为 $\phi 21.835 \sim \phi 22.31$，确定 D_1 为 $\phi 22$。

2）螺纹牙型高度。$h_1 = 0.5413P$，螺距 $P = 2$，经计算 $h_1 = 1.0826$，则螺纹总切削量（直径值）为 $A = 2.165$ mm，分 7 刀完成车削，每刀进刀深度逐渐减小，分别取 0.75、0.55、0.4、0.25、0.15、0.05、0.015。

3）螺纹车削循环点的确定，要求 X 值<底孔直径，Z 值$\geq 1.5P$（螺距），如该零件内螺纹的循环点为 $X21$，$Z3$。

4. 确定工件加工步骤

1）钻通孔 $\phi20$。
2）车右端 $\phi37$ 外圆，完成两处倒角。
3）调头装夹，用手动车端面，取合总长 30。
4）车削左端内孔、外圆，车削内螺纹。
5）选择刀具、量具、工具，选定切削用量。

刀具：T0101—内孔刀，刀头材料 YT15；T0303—60°内螺纹刀，刀头材料 YT15。

车削内螺纹时主轴转速：S600。内螺纹车削的主轴转速一经确定，在螺纹车削合格前，主轴转速不能改变。

决策

1. 工艺过程卡

表 4.15 螺母加工工艺过程卡

学院		机械加工工艺过程卡片		产品型号		零件图号	
				产品名称		零件名称	螺母
材料牌号	45 钢	毛坯种类	棒料	毛坯外形尺寸	$\phi35\times80$	备注	
工序号	工序名称	工序内容	车间	设备	工艺装备		工时
10	下料	锯割下料	下料	锯床	液压平口钳 游标卡尺		
20	车右端 $\phi37$ 外圆	车右端 $\phi37$ 外圆至尺寸，并完成两处倒角	数控车削	数控车床	三爪卡盘 游标卡尺 千分尺		
30	车削左端外圆，车削内孔、内螺纹	车削左端外圆，车削内孔、内螺纹至尺寸	数控车削	数控车床	三爪卡盘 游标卡尺 千分尺		
编制		审核		批准		共 页	第 页

2. 工序卡

表 4.16 螺母加工工序表

学院		数控加工工序卡片		产品名称或代号	零件名称	材料	零件图号
					螺母	45 钢	
工序号	程序编号	夹具名称	夹具编号	使用设备		车间	
30		三爪卡盘		数控车床 FANUC 0I-TD 系统		数控车削车间	
工步号	程序号	工步内容	刀具号	刀具	主轴转速 /(r·min⁻¹)	进给速度 /(mm·min⁻¹)	背吃刀量 /mm	量具

工步号	程序号	工步内容	刀具号	刀具	主轴转速 /(r·min^{-1})	进给速度 /(mm·min^{-1})	背吃刀量 /mm	量具
1		装夹 φ37 外圆,夹 10 mm 左右,找正夹紧。平端面,保证总长达到图样要求	1	硬质合金外圆粗车刀	800	90		游标卡尺
2	O3201	粗车右端外轮廓,留精车余量 0.5 mm	1	硬质合金外圆粗车刀	800	160	1	游标卡尺、千分尺
3	O3202	粗车内轮廓,留精车余量 0.4 mm	2	硬质合金内孔车刀	600	90	0.7	游标卡尺、内径量表
4	O3202	精车内轮廓,保证尺寸达到图样要求	2	硬质合金内孔车刀	800	40	0.2	游标卡尺、内径量表
5	O3201	精车右端外轮廓,保证尺寸达到图样要求	1	硬质合金外圆精车	1 000	100	0.25	游标卡尺、千分尺
6	O3203	车内螺纹	3	60°内螺纹车刀	600			M24X2 螺纹塞规
7		去毛刺						

实施

> 小贴士:生命至上,安全第一。安全生产,重在预防。请按规章制度要求开展螺母零件加工的各项操作。

1. 实施步骤

1)加工程序编制并录入。

螺母零件的左端内、外轮廓参考加工程序如表 4.17 所示,内螺纹参考加工程序如表 4.18 所示。

表 4.17 左端内、外轮廓的 GSK980TD/FANUC 系统参考加工程序

注:编程零点设在左端面中心处	
O0002;	程序名
G98;	进给单位 mm/min
G0 X100 Z100;	安全换刀点
M03 S800;	主轴正转,800 r/min
T0101;	换 1 号刀,执行 01 号刀补

项目 4 套(盘)类零件数控车削

X50 Z2;	快速定位到 X50 Z2 的位置
G71 U1 R1;	背吃量 1、退刀量 1
G71 P1 Q2 U0.5 W0 F160;	外轮廓粗车循环，留 X 向精车余量 0.5、Z 向不留精车余量
	快速定位到 X35
N1 G0 X44;	车刀移到端面
G1 Z0 F100;	去毛刺
X45 Z-0.5;	车外圆
N2 Z-6;	安全换刀点
G0 X100 Z100;	换 2 号刀，执行 02 号刀补；主轴正转，600 r/min
T0202 M03 S600;	快速定位到 X20 Z2 的位置
X20 Z2;	背吃量 0.7、退刀量 0.5
G71 U0.7 R0.5;	内轮廓粗车循环，留 X 向精车余量-0.4、Z 向不留精车余量
G71 P3 Q4 U-0.4 W0 F90;	快速定位到 X28
	车刀移到端面
N3 G0 X28;	车圆锥
G1 Z0 F40;	车内孔
X26 Z-10;	车台阶
Z-13;	倒角
X25;	车内孔
X22 W-1.5;	安全换刀点
N4 Z-26;	换 2 号刀，执行 02 号刀补；主轴正转，800 r/min
G0 X100 Z100;	快速定位到 X20 Z2 的位置
T0202 M03 S800;	精车
X20 Z2;	安全换刀点
G70 P3 Q4;	换 1 号刀，执行 01 号刀补；主轴正转，1 000 r/min
G0 X100 Z100;	快速定位到 X50 Z2 的位置
T0101M03 S1000;	精车
X50 Z2;	安全换刀点
G70 P1 Q2;	程序结束
G0 X100 Z100;	
M30;	

表 4.18　内三角螺纹 GSK980TD/FANUC 系统参考加工程序

O1003;	程序号
G0 X100 Z100;	安全换刀点
M03 S600;	主轴正转，600 r/min
T0303;	换 3 号刀，执行 03 号刀补
G0 X21 Z3;	底孔按 φ22 加工，则快速定位到 X21 Z3 的位置
G92 X22.75 Z-27 F2;	螺纹切削第一刀，进刀深度 0.75
X23.3;	第二刀，进刀深度 0.55
X23.7;	第三刀，进刀深度 0.4
X23.95;	第四刀，进刀深度 0.25
X24.1;	第五刀，进刀深度 0.15
X24.15;	第六刀，进刀深度 0.05
X24.165;	第七刀，进刀深度 0.015
G0 X100 Z100;	安全换刀点
M30;	程序结束

2）试运行，检查刀路路径正确。
3）进行刀具、工、夹、量具的准备，安装工件。
4）装刀及对刀、建立坐标，以外圆车刀为基准刀。
5）检查刀补设置数据正确。
6）实施切削加工。

2. 实施过程检测记录

___

___

___

检测与评价

按表4.19内容进行检测。单项最终得分为教师检测得分减去结果一致性扣分。当学生的自检结果与教师的检查结果不一致时，尺寸每超差0.01扣1分，粗糙度值每相差一级扣1分，每项扣分不超过2分。

表4.19 任务评价表

零件编号：		学生姓名：		总得分				
序号	模块内容及要求	配分	评分标准	学生自检结果	教师检测		结果一致性扣分	单项最终得分
					结果	得分		
1	$\phi 45_{-0.039}^{0}$/Ra3.2	15/4	超0.01扣4分/Ra大一级扣2分					
2	$\phi 37_{-0.039}^{0}$/Ra3.2	15/4						
3	5±0.06	5	超0.01扣4分					
4	25±1.05	5						
5	ϕ28（IT12）/Ra3.2	4/4	不合格不得分					
6	M24X2-7H/Ra3.2	11/4	不符合要求无分/Ra大一级扣2分					
7	10、3、1:5	3×2	不合格不得分					
8	倒角	3×1						
9	5S管理及纪律 1. 安全文明生产 （1）无违章操作情况 （2）无撞刀及其他事故 2. 机床维护与环保 3. 纪律与态度	20	违章操作、撞刀、出现事故者、机床不按要求维护保养扣5~10分/次；遵守纪律、学习积极、有互助与团队协作精神方面，违反扣2分/次					

从以下几方面进行总结与反思。
1）对工件尺寸精度和表面质量进行评价，找出尺寸超差或表面质量缺陷的原因，提出

项目4 套（盘）类零件数控车削

改进方法。

2）对工艺合理性、加工效率、刀具寿命等方面进行评价，进一步优化切削参数。

3）对整个加工过程中出现的违反 5S 管理、安全文明生产等操作进行反思。

自我评估与总结。

_____
_____
_____

知识链接

一、工艺知识

1. 内孔车刀

内孔车刀的选择及刃磨，其要求与任务 4.1 套类零件相同，在此省略。

2. 内螺纹车刀

内螺纹车刀的种类。

1）机械紧固式不重磨内螺纹车刀，如图 4.20（a）所示。不重磨内螺纹硬质合金刀片有 3 个刀尖，当其中一个刀尖磨损后，可马上更换另一刀尖，使用便捷、高效。

2）焊接式内螺纹车刀，如图 4.20（b）所示。

3）高速钢内螺纹车刀，如图 4.20（c）所示。

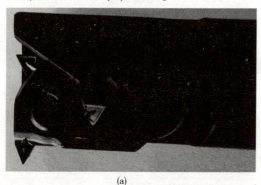

(a)

(b)　　　　　　　　　　(c)

图 4.20　内螺纹车刀

（a）机械紧固式不重磨内螺纹刀；（b）焊接式内螺纹车刀；（c）高速钢内螺纹车刀

3. 内螺纹零件的装夹

内螺纹零件的装夹基本要求与套类零件相同，在此省略。

4. 内螺纹刀具的安装

内螺纹刀具要用螺纹对刀样板安装，以免产生倒牙。内螺纹刀具属于成型刀具，刀尖应与机床旋转中心等高，否则，刀尖高于或低于机床旋转中心将影响牙型角度。

在安装内螺纹车刀时，必须用样板找正刀尖角，如图 4.21 所示，否则车削后会出现倒牙现象，车刀装好后，应以手动方式移动大拖板使车刀在孔内移动至工件终点，检查车刀碰撞工件内表面情况。

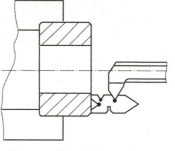

图 4.21　内螺纹车刀安装对刀

5. 圆锥相关尺寸计算

车削圆锥体的计算公式为

$$C=\frac{D-d}{L}\qquad(式\ 4.2.1)$$

式中

C——圆锥体的锥度。

D——圆锥大端直径。

d——圆锥小端直径。

L——锥体部分的长度。

在图 4.19 中，C 是 1∶5，D 是 28，L 是 10，应用式 4.2.1 计算得出 d 为 26。

6. 车内螺纹前的有关尺寸计算

在车内螺纹前，先钻孔、镗孔，孔径尺寸根据所加工材料确定。

1）车铸铁材料时，材料脆，齿顶易崩，螺纹小径取：$D_1 \approx d-1.05P$。

2）车钢件时，螺纹小径取 $D_1 \approx d-1.0825P$。

注：式中 P 为螺纹螺距。

一般，螺纹底孔直径按 $D_1+（0.1~0.2）$ 确定，加 0.1~0.2 mm 主要是考虑内孔加工螺纹后的变形补偿和螺纹间隙补偿量。

也可以查普通三角螺纹公差表确定小径公差。

例：车削 45 钢 M45×2 的内螺纹，试确定小径尺寸

解：小径 $D_1 = 45-1.0825×2 = 42.84$ mm，

若查螺纹基本尺寸表得：$D_1 = 42.835$ mm。

7. 内螺纹的测量

内螺纹的测量有综合测量和单项测量两种。我们本次采用螺纹塞规，如图 4.22 所示，进行综合测量。

图 4.22　内螺纹塞规

二、编程指令

1. G32 螺纹加工循环指令

指令格式：G32 X(U)_ Z(W)_ F(I)_ J_ K_;

应用说明详见项目 3 模块 3.2 中螺纹切削指令。

2. G92 螺纹切削循环指令

指令格式：G92 X(U)_ Z(W)_ R_ F(I)_ J_ K_ L_;

应用说明详见项目 3 模块 3.2 中螺纹切削指令。

【螺母车削案例教学视频】

螺母数控车削—加工过程

  职业技能鉴定理论测试

一、单项选择题（请将正确选项的代号填入题内的括号中）

1. 镗孔刀刀杆的伸出长度（　　）。
A. 应尽可能短　　　　　　　　B. 应尽可能长
C. 没有要求　　　　　　　　　D. 选项 A、B 和 C 均不对

2. 当切速度确定后，车孔的转速应以（　　）来确定。
A. 毛坯直径　　B. 外轮廓最大直径　C. 内轮廓最大直径　D. 选项 A，B 和 C 均可

3. 镗孔的关键技术是解决镗刀的（　　）和排屑间题。
A. 柔性　　　　B. 红硬性　　　　C. 工艺性　　　　D. 刚性

4. 在 FANUC 系统数控车上，用 G90 指令编程加工内圆柱面时，其循环起点的 X 坐标要（　　）待加工圆柱面的直径。
A. 小于　　　　　　　　　　　B. 等于
C. 大于　　　　　　　　　　　D. 选项 A、B 和 C 都可以

5. $\phi 35J7$ 的上偏差为+0.014 mm，下偏差为-0.016 mm，所表达的最小实体尺为（　　）。
A. 35.014 mm　　B. 35.000 mm　　C. 34.984 mm　　D. 34.999 mm

6. 内孔车刀车孔时可通过控制切屑的流出方向来解决排屑问题，可通过改变（　　）的值来改变切屑的流出方向。
A. 前角　　　　B. 后角　　　　C. 刃倾角　　　　D. 刀尖角

7. 车削加工盘套类零件的内孔时，最容易引起刀具和工件干涉的是（　　）。
A. 前角　　　　B. 后角　　　　C. 主偏角　　　　D. 副偏角

8. 当加工直径中 38.5 mm，实测为 $\phi 38.60$ mm 的内孔时，需在该刀具磨耗补对应位置输入（　　）值进行修调至尺寸要求。
A. -0.2 mm　　B. 0.2 mm　　C. -0.3 mm　　D. -0.1 mm

9. 在数控车加工盘类零件端面时，采用（　　）指令加工可以提高表面精度。

A. G96　　　　　　B. G97　　　　　　C. G98　　　　　　D. G99

10. 进行孔类零件加工时，"钻孔—扩孔—倒角—铰孔"的方法适用于（　　）。
A. 小孔径的盲孔　　　　　　　　B. 高精度孔
C. 孔位置精度不高的中小孔　　　D. 大孔径的直孔

11. 在 FANUC 数控系统中，能实现螺纹加工的一组代码是（　　）。
A. G03、G90 和 G73　　　　　　B. G32、G92 和 G76
C. G04、G94 和 G71　　　　　　D. G41、G96 和 G75

12. G76 指令主要用于（　　）螺纹加工。
A. 小螺距　　　B. 小螺距多线　　　C. 大螺距　　　D. 单线

13. 在 FANUC 系统中，程序段 "N20（　　）X50 Z-35 R2.5 F2" 表示圆锥螺纹加工循环。
A. G33　　　　　B. G90　　　　　C. G92　　　　　D. G95

14. 车削塑性金属材料 M40×3 内螺纹，底孔直径的等于（　　）。
A. 40 mm　　　B. 38.5 mm　　　C. 36 mm　　　D. 37 mm

15. 在安装螺纹车刀时，刀尖应与工件旋转中心等高，刀尖角的对称中心（　　）。
A. 平行于工件轴线　　　　　　B. 倾斜于工件轴线
C. 垂直于工件轴线　　　　　　D. 与工件轴线成 75°角

16. 普通三角螺纹牙深（　　）。
A. 与螺纹外径相关　　　　　　B. 与螺距相关
C. 与螺纹外径和螺距相关　　　D. 与螺纹外径和螺距都无关

17. 螺纹加工时，采用（　　），因两侧刀刃同时切削，切屑力较大。
A. 直进法　　　　　　　　　　B. 斜进法
C. 左右借刀法　　　　　　　　D. 选项 A，B 和 C 都不对

18. 在高速车削螺纹时，硬质合金车刀刀尖角（　　）。
A. 略大于螺纹的牙型角　　　　B. 等于螺纹的牙型角
C. 略小于螺纹的牙型角　　　　D. 选项 A，B 和 C 都可以

19. 普通螺纹的公称直径是指螺纹（　　）的基本尺寸。
A. 大径　　　　B. 小径　　　　C. 中径　　　　D. 以上均不对

20. 普通螺纹的牙型角为（　　）。
A. 30°　　　　　B. 60°　　　　　C. 40°　　　　　D. 90°

二、判断题（对的画"√"，错的画"×"）

（　　）1. G94 指令主要用于大小直径差较大面轴向长度较短的盘类工件的端面切削。
（　　）2. 车削加工盘套类零件的内孔时，最容易引起刀具和工件干涉的是后角。
（　　）3. 车内圆锥时，刀尖高于工件轴线，车出的锥面用锥形塞规检验时，会出现两端显示剂被擦去的现象。
（　　）4. 车内孔采用主偏角较小的车刀有利于减小振动。
（　　）5. 钻盲孔时为减少加工硬化，麻花钻应缓慢地断续进给。
（　　）6. 从螺纹粗加工到精加工，主轴的转速必须保证恒定。
（　　）7. 螺纹切削时，应尽量选择高的主轴转速，以提高螺纹的加工精度。
（　　）8. 螺纹加工时，导入距离一般应大于等于一个螺距。
（　　）9. 螺纹车刀刀尖高于或低于中心时，车削时易出现扎刀现象。
（　　）10. 高速车削螺纹时，硬质合金车车刀刀尖角应略大于螺纹的牙型角。

拓展任务工单1

1. 完成图4.23所示套类零件的编程与车削加工,材料45钢,生产规模为单件。

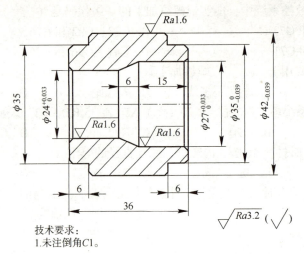

技术要求:
1. 未注倒角C1。

图4.23 套类零件车削练习

2. 资讯

_____
_____
_____

3. 计划

_____
_____
_____

4. 决策

1) 工艺过程卡。

表4.20 加工工艺过程卡

学院		机械加工工艺过程卡片		产品型号		零件图号	
				产品名称		零件名称	
材料牌号		毛坯种类		棒料	毛坯外形尺寸	备注	
工序号	工序名称	工序内容		车间	设备	工艺装备	工时
编制		审核		批准		共 页	第 页

2）工序卡。

表 4.21　加工工序卡

学院		数控加工工序卡片			产品名称或代号	零件名称	材料	零件图号
工序号	程序编号	夹具名称		夹具编号	使用设备		车间	
工步号	程序号	工步内容	刀具号	刀具	主轴转速 /(r·min^{-1})	进给速度 /(mm·min^{-1})	背吃刀量 /mm	量具

5. 实施

1）实施步骤。

2）实施过程记录。

6. 检测与评价

按表 4.22 内容进行检测。单项最终得分为教师检测得分减去结果一致性扣分。当学生的自检结果与教师的检查结果不一致时，尺寸每超差 0.01 扣 1 分，粗糙度值每相差一级扣 1 分，每项扣分不超过 2 分。

表 4.22　任务评价表

零件编号：		学生姓名：		总得分				
序号	模块内容及要求		配分	评分标准	学生自检结果	教师检测		结果一致性扣分	单项最终得分
						结果	得分		
1	$\phi 35_{-0.039}^{0}$	$Ra3.2$	11/4	超 0.01 扣 3 分 Ra 大一级扣 2 分					
2	$\phi 42_{-0.039}^{0}$	$Ra1.6$	12/4						
3	$\phi 27_{0}^{+0.033}$	$Ra1.6$	12/4						
4	$\phi 24_{0}^{+0.033}$	$Ra1.6$	12/4						

续表

零件编号：		学生姓名：		总得分				
序号	模块内容及要求	配分	评分标准	学生自检结果	教师检测		结果一致性扣分	单项最终得分
					结果	得分		
5	ϕ35（IT13）Ra3.2	6/2	不合格不得分					
6	圆锥/Ra3.2	3/2	不符合要求无分 Ra 大一级扣 2 分					
7	长度 15、36、3-6（IT13）	5×2	不合格不得分					
8	倒角 6 处	6×1						
9	5S 管理及纪律 1. 实训过程符合 5S 规范 2. 安全文明生产 （1）无违章操作情况 （2）无撞刀及事故 3. 纪律与态度	10	违章操作、撞刀、出现事故者、机床不按要求维护保养扣 5~10 分/次；遵守纪律、学习积极、有互助与团队协作精神方面违反扣 2 分/次					

7. 评估与总结

从以下几方面进行总结与反思。

1）对工件尺寸精度和表面质量进行评价，找出尺寸超差或表面质量缺陷的原因，提出改进方法。

2）对工艺合理性、加工效率、刀具寿命等方面进行评价，进一步优化切削参数。

3）对整个加工过程中出现的违反 5S 管理、安全文明生产等操作进行反思。

自我评估与总结。

___

___

___

拓展任务工单2

1. 完成图 4.24 所示圆螺母的编程与车削加工，材料 45 钢，毛坯规格 ϕ50×40，生产规模为单件。

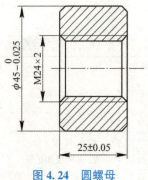

图 4.24 圆螺母

2. 资讯

3. 计划

4. 决策

1）工艺过程卡。

表 4.23　加工工艺过程卡

学院		机械加工工艺过程卡片		产品型号		零件图号	
				产品名称		零件名称	
材料牌号	45 钢	毛坯种类		棒料	毛坯外形尺寸	备注	
工序号	工序名称	工序内容		车间	设备	工艺装备	工时
编制		审核		批准		共　页	第　页

2）工序卡。

表 4.24　加工工艺过程卡

学院		数控加工工序卡片		产品名称或代号	零件名称	材料	零件图号
						45 钢	
工序号	程序编号	夹具名称	夹具编号	使用设备		车间	
工步号	程序号	工步内容	刀具号	刀具	主轴转速 /(r·min^{-1})	进给速度 /(mm·min^{-1})	背吃刀量 /mm	量具

5. 实施

1）实施步骤。

2）实施过程检测记录。

6. 检测与评价

按表 4.25 内容进行检测。单项最终得分为教师检测得分减去结果一致性扣分。当学生的自检结果与教师的检查结果不一致时，尺寸每超差 0.01 扣 1 分，粗糙度值每相差一级扣 1 分，每项扣分不超过 2 分。

表 4.25　任务评价表

零件编号：		学生姓名：		总得分				
序号	模块内容及要求	配分	评分标准	学生自检结果	教师检测		结果一致性扣分	单项最终得分
					结果	得分		
1	$\phi 45_{-0.025}^{0}$/Ra3.2	20/5	超 0.01 扣 4 分/Ra 大一级扣 2 分					
2	$\phi 25\pm 0.05$	15	超 0.01 扣 4 分					
3	M24×2 螺纹中径	24	不合格不得分					
4	牙型两侧 Ra3.2	16						
5	5S 管理及纪律 1. 实训过程符合 5S 规范 2. 安全文明生产 （1）无违章操作情况 （2）无撞刀及其他事故 3. 纪律与态度	20	违章操作、撞刀、出现事故者、机床不按要求维护保养扣 5~10 分/次；遵守纪律、学习积极、有互助与团队协作精神方面违反扣 2 分/次					

7. 评估与总结

从以下几方面进行总结与反思。

1）对工件尺寸精度和表面质量进行评价，找出尺寸超差或表面质量缺陷的原因，提出改进方法。

2）对工艺合理性、加工效率、刀具寿命等方面进行评价，进一步优化切削参数。
3）对整个加工过程中出现的违反 5S 管理、安全文明生产等操作进行反思。
自我评估与总结。

_____
_____
_____

案例 4　大国工匠（四）

项目 5　复杂零部件加工与自动编程

在机械制造业中，常见到一些具有非圆规则曲线（如椭圆、抛物线、双曲线）轮廓的零件。对此类零件的数控加工，可应用宏程序或 CAM 软件进行编程。宏程序编程具有程序简短、可读性强的优点，它的缺点是编程难度较大；CAM 软件编程，是企业加工复杂零件比较常用的编程方法，它的优点是编程简单，缺点是程序冗长、可读性较差。

竞赛组合件通常是由若干个不同的零件相互配合所组成的组件。与单一零件的车削加工比较，组合件的车削加工不仅要保证组合件中各个零件的加工质量，而且还需要保证各个零件按规定组合装配后的技术要求。

本项目要求学生掌握复杂零部件加工的宏程序及 CAM 软件编程知识，掌握复杂零部件的加工工艺文件的编制，并能独立操作数控车床加工出合格零件。

【知识目标】

1. 掌握非圆规则曲线轮廓零件数控车削加工工艺参数的选择及工艺方案制定。
2. 掌握宏程序的编程应用。
3. 掌握非圆规则曲线轮廓零件的加工刀具选择。
4. 掌握非圆规则曲线轮廓零件加工的尺寸控制方法。
5. 掌握 CAXA 数控车编程及工艺设计流程。
6. 掌握 CAXA 数控车外轮廓粗、精车刀路加工参数的含义。
7. 掌握竞赛组件数控车削加工工艺参数的选择及工艺方案制定。
8. 掌握竞赛组件加工的尺寸控制方法。

【能力目标】

1. 能根据零件图样分析非圆规则曲线轮廓零件加工工艺，确定工件安装定位方式与加工步骤。
2. 能根据零件加工要求，查阅相关资料，正确选用刀具、量具、工具、夹具。
3. 能编写非圆规则曲线轮廓零件的加工宏程序。
4. 能独立操作数控车床，完成非圆规则曲线轮廓零件加工并控制零件尺寸。
5. 能熟练设置 CAXA 数控车外轮廓粗、精车刀路的加工参数。
6. 能操作数控车床，完成复杂零件的加工。
7. 能独立制定竞赛组件数控车削加工工艺方案。
8. 能独立编写竞赛零件的加工宏程序。
9. 能独立操作数控车床，完成竞赛组件加工并控制零件尺寸。

【素养目标】

1. 养成严格执行与职业活动相关的、保证工作安全和防止意外的规章制度的素养。
2. 养成攻坚克难、精益求精、技术创新的工匠品质。

【学习导航】

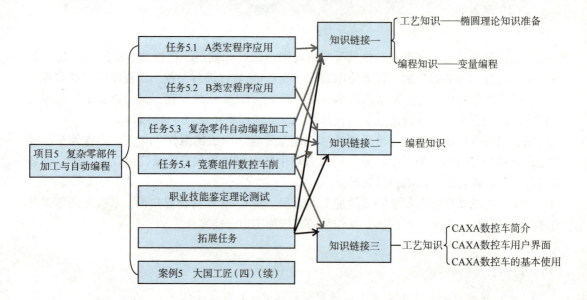

任务 5.1　A 类宏程序应用

任务描述与分析

试完成如图 5.1 所示的椭圆球零件加工，生产规模为单件，材料 45 钢，毛坯尺寸为 $\phi35\times120$。分析图样。椭圆球零件的外轮廓尺寸 $\phi16$、$\phi32$ 尺寸，精度都不高，按 IT12 级加工，椭圆曲线公式为 $X^2/16^2+Z^2/30^2=1$。端面粗糙度值为 $Ra3.2$，加工轮廓表面质量粗糙度值为 $Ra1.6$，轮廓表面质量要求较高。

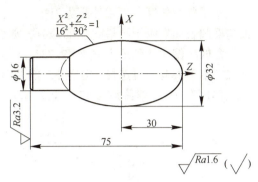

图 5.1　椭圆球零件

计划

> **小贴士**：工作遇到困难，要永葆积极向上的心态，锐意进取、攻坚克难。请按任务要求完成零件加工工艺制定、宏程序编制和数控车床加工工作。

1. 设备选用

根据加工零件外形尺寸，可选择小型号的数控车床，如 CAK4085dj、SKC6140 等型号。

2. 确定安装方式

采取三爪卡盘安装，在一次装夹中完成外圆、椭球面加工，并切断工件。

3. 确定加工步骤

在加工本例工件时，应注意椭圆的加工次序，加工路线如下。
1) 粗车椭圆的 $\phi30$ 外圆，留精车余量 0.5 mm。
2) 调用宏程序纵向走刀粗车椭圆的右半部分，走刀路线如图 5.2 所示。

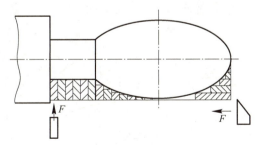

图 5.2　椭圆粗车走刀路线

3) 用切槽刀粗切 $\phi16$ 外圆，调用宏程序横向走刀粗切椭圆左半部分。
4) 换外圆尖刀，调用宏程序精车整个椭圆轮廓及 $\phi16$ 外圆。
5) 切断，并倒角 $C1$。

4. 确定刀具和切削用量

1）确定刀具。

T0101——90°外圆粗车刀，YT15；

T0202——切槽刀（刀头宽度 $a=3$ mm），YT15；

T0303——93°外圆精车尖刀，YT15。

精车椭圆轮廓必须用外圆尖刀来加工，其中 $\phi 16$ 外圆与椭圆截交点处，是车刀副后刀面与椭圆表面发生干涉最突显的地方，如图 5.3 所示。经测算，当车刀加工至该处时，车刀所需的副偏角达到最大值为 42.73°，因此，选择外圆尖刀时要求副偏角须大于该角度值。在加工本工件时，可选刀片为 35°的菱形涂层数控刀片，车刀形状如图 5.4 所示，安装后其主偏角为 93°，副偏角为 52°，可以满足加工要求。

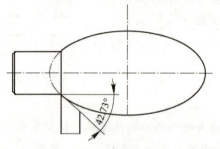
图 5.3 车刀所需的最大副偏角

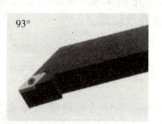
图 5.4 外圆尖刀形状

2）确定量具

选用 0~125 mm（0.02）游标卡尺，25~50 mm（0.01）千分尺。

3）确定切削用量。

粗加工时，背吃刀量 a_p 取 1~1.5 mm；进给量 f 取 100 mm/min；主轴转速 s 取 600 r/min。

精加工时，进给量 f 取 50 mm/min；主轴转速 s 取 1 000 r/min。

切槽刀切槽时 f 取 30 mm/min 以下；主轴转速 s 取 300 r/min 以下。

5. 椭圆参数的计算

为了编程方便，将椭圆方程坐标系转换为工件坐标系（工件坐标原点建立在工件右端面与轴线交点上，按前刀架的数控车床考虑，X 轴正向指向刀座，Z 轴正向为向右），如图 5.5 所示。

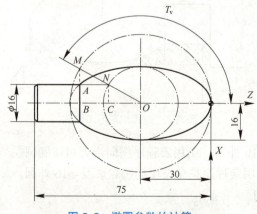
图 5.5 椭圆参数的计算

建立椭圆参数方程。

根据椭圆参数方程公式

$$\left.\begin{array}{l} x = a \times \sin(t) \\ z = b \times \cos(t) \end{array}\right\} \quad (1)$$

将短半轴 $a=16$，长半轴 $b=30$，代入公式（1），并考虑 X 轴坐标向右平移 30，得到转换坐标系后的参数方程为

$$\left.\begin{array}{l} x = 32\sin(t) \text{（直径量）} \\ z = 30\cos(t) - 30 \end{array}\right\} \quad (2)$$

1) 计算参数 t 的终止角度 T_v。

根据椭圆短半轴 16、长半轴 30 和截圆直径 $\phi16$，通过几何作图，可找出终止角 T_v 的位置，如图 5.5 所示。由三角函数关系求 T 的终止角度为

$$T_v = \pi - \angle NOC = \pi - \arcsin(8/16) = 150°$$

由此可见，T 的取值范围为 $0° \leqslant T \leqslant 150°$。

2) 计算椭圆与 $\phi16$ 截交面至椭圆中心横截面的距离即 OB 长度。

根据图中的几何关系，得

$$OB = OM\cos(\angle MOB) = 30\cos(\pi - 150°) = 25.98 \text{ mm}$$

在编制椭圆宏程序时，以参数 t 作为自变量，设定增量 Δt，粗车时，由 150°→90°→0° 每次递减 3°~5°，精车时，由 0°→150° 每次递增 1°，由参数方程（2）可求得相应的 X、Z 坐标。

决策

1. 工艺过程卡编制

表 5.1　椭圆球加工工艺过程卡

学院		机械加工工艺过程卡片		产品型号		零件图号	
				产品名称		零件名称	椭圆球
材料牌号	45 钢	毛坯种类	棒料	毛坯外形尺寸	$\phi35 \times 120$	备注	
工序号	工序名称	工序内容		车间	设备	工艺装备	工时
10	下料	锯割下料		下料	锯床	液压平口钳、游标卡尺	
20	车削外圆及椭球面，切断，倒角	车削 $\phi16$ 外圆及椭球面，倒角并切断工件		数控车削	数控车床	三爪卡盘、游标卡尺、外径千分尺	
编制		审核		批准		共　页	第　页

2. 工序卡

表 5.2 椭圆球加工工序卡（20 工序）

学院		数控加工工序卡片		产品名称或代号	零件名称	材料	零件图号
					椭圆球	45 钢	
工序号	程序编号	夹具名称	夹具编号	使用设备		车间	
20	O4001	三爪卡盘		数控车床 FANUC0I-TD 系统		数控车削车间	
工步号	程序号	工步内容	刀具号	刀具	主轴转速 /(r·min⁻¹)	进给量 /(mm·r⁻¹)	背吃刀量 /mm	量具
1	O4001	夹毛坯φ35 外圆，伸出约 100 mm。粗车椭圆的φ30 外圆，留精车余量 1 mm	1	外圆粗车刀	600	100	1	游标卡尺
2		纵向走刀粗车椭圆的右半部分，留精车余量 1 mm	2	外圆精车刀	1 000	50	1	游标卡尺
3		横向走刀粗切椭圆左半部分	3	切断刀	300	30		游标卡尺
4		精车整个椭圆轮廓及φ16 外圆	2	外圆精车刀	1 000	50		游标卡尺、外径千分尺
5		切断，并倒角	3	切断刀	300	30		游标卡尺
6		去毛刺						

实施

小贴士：生命至上，安全第一。安全生产，重在预防。请按规章制度要求开展椭圆球零件加工的各项操作。

1. 实施步骤

1）程序编制并录入。

椭圆球的参考加工程序如表 5.3 所示。

表 5.3 椭圆球的参考加工程序

程 序	说 明
主程序 O4001； N0005 G98； N0010 G00 X100 Z80； N0020 M03 S600 T0101； N0030 X36 Z2； N0040 G90 X33 Z-78.5 F100； N0050 X32	程序名 进给单位 mm/min 刀具快速定位到换刀点 主轴以 600 r/min 正转，换 01 号刀，执行 01 号刀补 刀具快速定位 粗车椭圆φ30 直径（通过修改坐标或刀补来留精车余量）

续表

程 序	说 明
N0060 M98 P4002;	调用 O4002 号宏程序纵向粗车椭圆右半部分
N0070 G00 X100 Z80;	刀具快速回到换刀点
N0080 M03 S300 T0202;	换切槽刀 T0202,同时降低主轴转速
N0090 X34 Z-75;	切槽刀快速定位
N0100 G75 R1 F30;	用 G75 循环切槽
N0110 G75 X16 Z-59 P2500 Q2500;	切槽至 X16 Z-59 后车刀退至 X34 Z-75 点
N0120 M98 P4003;	调用 O4003 号宏程序横向粗车椭圆左半部分
N0130 G00 X100 Z80 M05;	切槽刀快速退回至换刀点,停主轴
N0140 M00;	暂停,检查精车余量
N0150 M03 S1000 T0303;	重新启动,换外圆尖刀 T0303,提高主轴转速
N0160 G00 X0 Z2;	刀具快速定位,靠近工件
N0170 G01 Z0 F50;	开始进刀进行精车
N0180 M98 P4004;	调用 O4004 号宏程序精车椭圆
N0190 G01 X16 Z-55.98;	车刀再次精确定位
N0200 Z-75;	精车 $\phi16$ 外圆
N0210 X36;	X 向退刀
N0220 G00 X100 Z80 M05;	快速退刀,返回换刀点,停主轴
N0230 M00;	暂停,检查工件
N0240 M03 S300 T0202;	重新启动,换切槽刀 T0202
N0250 X34 Z-78;	车刀定位
N0260 G01 X14 F30;	切断工件,暂时切至 $\phi14$ 处
N0270 X17 F500;	切刀退出重新定位,准备倒 $C1$ 角
N0280 W1.5;	Z 向定位
N0290 X14 W-1.5 F30;	开始倒 $C1$ 角
N0300 X-0.5;	继续将工件切断
N0310 G00 X100 Z80;	工件被切断后车刀快速返回换刀点
N0320 M30;	主程序运行结束
宏程序一(粗车椭圆右半部分) O4002;	
N0010 G65 H01 P#200 Q30000;	将长半轴 30 赋值给#200 变量
N0020 G65 H01 P#201 Q32000;	将短轴 32 赋值给#201 变量
N0030 G65 H01 P#202 Q90000;	定义参数 t 为#202 变量,并赋初值 90°
N0040 G65 H31 P#203 Q#201 R#202;	进行 $32\sin(t)$ 运算,运算结果存到变量#203
N0050 G65 H32 P#204 Q#200 R#202;	进行 $30\cos(t)$ 运算,运算结果存到变量#204
N0060 G65 H03 P#205 Q#204 R#200;	进行 $30\cos(t)-30$ 运算,运算结果存到变量#205
N0070 G00 X#203;	X 向快速进刀
N0080 G01 Z#205 F100;	用 G01 纵向走刀切削
N0090 G00 U1;	X 向退刀
N0100 Z2;	返回 Z 向起始位置
N0110 G65 H03 P#202 Q#202 R5000;	变量 t 每次递减 5°
N0120 G65 H85 P0040 Q#202 R0;	判断 $t \geq 0°$,是,则转到 N0040 段;否,则顺序执行
N0130 M99;	返回主程序

续表

程　序	说　明
宏程序二（粗车椭圆左半部分） O4003; N0010 G65 H01 P#210 Q150000; N0020 G65 H31 P#211 Q#201 R#210; N0030 G65 H32 P#212 Q#200 R#210; N0040 G65 H03 P#213 Q#212 R33000; N0050 G00 Z#213; N0060 G01 X#211 F100; N0070 G00 W−1; N0080 X34; N0090 G65 H03 P#210 Q#210 R3000; N0100 G65 H85 P0020 Q#210 R90000; N0110 M99; 宏程序三（精车椭圆全部轮廓） O4104; N0010 G65 H01 P#220 Q0; N0020 G65 H31 P#221 Q#201 R#220; N0030 G65 H32 P#222 Q#200 R#220; N0040 G65 H03 P#223 Q#222 R#200; N0050 G01 X#221 Z#223 F50; N0060 G65 H02 P#220 Q#220 R1000; N0070 G65 H86 P0020 Q#220 R150000; N0080 M99;	定义参数 t 为#210 变量，并赋初值 150° 进行 32sin(t) 运算，运算结果存到变量#211 进行 30cos(t) 运算，运算结果存到变量#212 进行 30cos(t)−33（含刀宽3）运算，将结果存到变量#213 Z 向快速进刀 用 G01 横向走刀切削 Z 向退刀 返回 X 向起始位置 变量 t 每次递减 3° 判断 $t ⩾ 90°$，是，则转到 N0020 段；否，则顺序执行返回主程序 定义参数 t 为#220 变量，并赋初值 0° 进行 32sin(t) 运算，运算结果存到变量#221 进行 30cos(t) 运算，运算结果存到变量#222 进行 30cos(t)−30 运算，运算结果存到变量#223 根据 X、Z 坐标点进给切削 变量 t 每次递增 1° 判断 $t ⩽ 150°$，是，则转到 N0020 段；否，则顺序执行返回主程序

2）试运行，检查刀路路径正确。

3）进行刀具、工、夹、量具的准备，加工现场、工作位置布置，工件安装。

4）装刀及对刀、建立坐标，以外圆车刀为基准刀。对切断刀时，以左侧刀尖来对刀、建立刀补。

5）对刀操作完毕，必须检查每把车刀刀补数据正确。

6）实施切削加工。

在精加工时，为了避免尺寸超差引起报废，应留余量，试车后，检查实际尺寸后，再控制尺寸。

2. 实施过程记录

_____

_____

_____

_____

检测与评价

按表 5.4 内容进行检测。单项最终得分为教师检测得分减去结果一致性扣分。当学生的自检结果与教师的检查结果不一致时,尺寸每超差 0.01 扣 1 分,粗糙度值每相差一级扣 1 分,每项扣分不超过 2 分。

表 5.4 任务评价表

零件编号:			学生姓名:		总得分			
序号	模块内容及要求	配分	评分标准	学生自检结果	教师检测 结果	教师检测 得分	结果一致性扣分	单项最终得分
1	$\phi 16$(IT12)/$Ra1.6$	10/5	超 0.01 扣 4 分,Ra 大一级扣 2 分					
2	$\phi 32$(IT12)/$Ra1.6$	10/5						
3	$X^2/16^2+Z^2/30^2=1$ $Ra1.6$	20/5						
4	75、30	7、7	不合格不得分					
5	C1	6						
6	5S 管理及纪律 1. 安全文明生产 (1)无违章操作情况 (2)无撞刀及其他事故 2. 机床维护与环保 3. 纪律与态度	25	违章操作、撞刀、出现事故、不按要求维护和保养机床扣 5~10 分/次;违反纪律、学习不积极、没有团队协作精神的扣 2 分/次					

评估与总结

从以下几方面进行总结与反思。

1)对工件尺寸精度和表面质量进行评价,找出尺寸超差或表面质量缺陷的原因,提出改进方法。

2)对工艺合理性、加工效率、刀具寿命等方面进行评价,进一步优化切削参数。

3)对整个加工过程中出现的违反 5S 管理、安全文明生产等操作进行反思。

自我评估与总结。

___

___

___

知识链接

一、工艺知识

1. 椭圆理论知识准备

目前,数控机床加工椭圆等非圆曲线轮廓零件是利用宏程序来加工完成的。宏程序其

实就是根据曲线方程以变量方式编写的加工程序。在 X 轴、Z 轴构成的坐标平面上,

椭圆的解析方程是 $\dfrac{x^2}{a^2}+\dfrac{z^2}{b^2}=1$（或参数方程：$\begin{cases}x=a\times\sin(t)\\z=b\times\cos(t)\end{cases}$） (1)

由于 a、b 是椭圆半轴长度, 为常量, 通常在图纸上是给定的数值, 那么, 只剩下 x、z 是未知量了。只要设置好自变量 z 值, 再代入椭圆解析方程就可求出因变量 x。根据椭圆解析方程, 如果从 z=0 开始计算, 每次 z 增加一个固定值 Δz, 就能对应的求出一个 x 值来（或者按参数方程从 t=0° 开始计算, 每次 t 增加一个 Δt 度数, 便能求出 x、z 值）。根据椭圆解析方程求出的无数个 x、z 坐标点, 再让刀具按 G01 走刀车削, 椭圆的轮廓就会加工出来。

2. 编程指令

宏程序的编制方法简单地解释就是利用变量编程的方法。在程序中宏指令可以实现丰富的宏功能, 包括数学运算、逻辑判断、条件转移和程序循环等处理功能, 以实现一些特殊的用法。宏程序一般分为 A 类宏程序和 B 类宏程序。A 类宏程序是以 G65 Hm P#iQ#jR#k 的格式输入, 而 B 类宏程序则是以直接的公式和语言输入, 和 C 语言很相似。本任务的 A 类宏程序编程是以 GSK980TD 系统为例。

二维码 5-1

任务 5.2　B 类宏程序应用

任务描述与分析

如图 5.6 所示的椭圆零件，材料为 45 钢，生产规模为单件，毛坯尺寸为 $\phi 35 \times 120$，试应用 B 类宏程序进行数据车床加工。该零件加工的六步法实施环节在任务 5.1.1 已实践，本任务仅对椭圆零件采用 B 类宏程序编程与 A 类宏程序编程的不同点进行讲解。

根据椭圆零件的结构特点，切断前轮廓的编程思路为先用 G94 指令车端面，用 G90 指令粗车一刀外圆到 $\phi 33$ 及总长，以及粗车椭圆右半部成圆锥状，以减少加工余量，再改用 G73 封闭循环指令粗车整个工件轮廓，最后用 G70 指令精车。在 G73 循环当中插入加工椭圆部分的宏程序。

刀具选择。粗车刀为 93°外圆刀（1 号刀，80°刀尖角）兼用于车端面，精车刀为 93°外圆尖刀（2 号刀，35°刀尖角）。

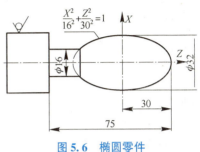

图 5.6　椭圆零件

基于图 5.6 椭圆数学坐标系，该椭圆的解析方程为 $X^2/16^2 + Z^2/30^2 = 1$，取 Z 为自变量，则因变量 $X = 16\sqrt{1-Z^2/30^2}$（$30 \geq Z \geq -25.98$），自变量 Z 的变化量（即车削步距）取 0.1 mm。以工件右端面旋转中心为工件坐标系原点进行编程，参考程序如表 5.5 所示。

表 5.5　椭圆零件加工程序

程序	说明
O4006；	
N010 G99 G00 X100 Z100；	刀架快速移动到程序起点
N020 T0101 M03 S800；	调 1 号刀，执行 1 号刀补，主轴启动，转速 800 r/mim
N030 G00 X37 Z3；	执行 G94 之前刀具快速移动到定位点（车削起点）
N040 G94 X0 Z1 F0.3；	执行 G94 车端面
N050 Z0.1；	
N060 G90 X33 Z-74.9 S600 F0.25；	执行 G90 车外圆，主轴适当降速
N070 X33 Z-15 R-4；	将椭圆右半部车成圆锥状
N080 X33 Z-15 R-8；	
N090 G00 X100 Z100；	返回程序起点
N100 T0202 M03 S800；	调 2 号刀，执行 2 号刀补，主轴适当增速
N110 G00 X45 Z2；	刀具快速移动到定位点（车削起点）
N120 G73 U8 W0 R8 F0.15；	执行 G73 粗车循环
N130 G73 P140 Q250 U0.5 W0.1；	精车路线为 N140~N250
N140 G00 G42 X0；	车刀快速移动到工件中心，并执行刀尖圆弧补偿
N150 G01 Z0；	

续表

程序	说明
N160 #1=30;	定义自变量Z，并赋初值
N170 #2=-25.98;	赋值常量，椭圆截圆长度25.98 mm
N180 WHILE［#1 GE #2］DO1;	当变量#1≥-25.98时，执行从DO1到END1之间的程序
N190 #3=16 ＊ SQRT［1-［#1＊#1］/［30＊30］］;	因变量#3运算
N200 G01 X［2＊#3］Z［#1-30］;	G01插补车削椭圆
N210 #1=#1-0.1;	每次循环，自变量#1按0.1 mm步距递减
N220END1;	
N230 G01 X16 Z-55.98;	车削φ16外圆
N240 Z-75;	
N250 X36;	
N260G00 X100 Z100;	
N270 T0202 M03 S1000;	提高精车转速
N280 G00 X37 Z2;	执行G70之前的车刀定位
N290 G70 P140 Q250 F0.1;	执行G70精车
N300 G00 G40 X100 Z100;	返回程序起点，取消刀尖圆弧补偿
N310 M30;	程序结束
如果将O4006程序中的宏程序部分改用IF语句，则把N180~N210程序段改为如下：	
N180 #3=16＊SQRT［1-［#1＊#1］/［30＊30］］;	
N190 G01 X［2＊#3］Z［#1-30］;	
N200 #1=#1-0.1;	
N210IF［#1 GE #2］GOTO 180;	
并将N220 END1程序段删去。	

知识链接

1. 编程指令

相对A类宏程序而言，B类宏程序是以直接的公式和语言输入。现代FANUC数控系统配备了强大的B类宏程序功能，用户可以使用变量进行算术运算、逻辑运算、函数运算和混合运算，并且提供了循环语句、分支语句和子程序调用语句，便于编制各种具有非圆曲线表面如椭圆、抛物线、双曲线等复杂零件的加工程序。以下参照FANUC Series 0i Mate-TD系统，介绍B类宏程序。

二维码5-2

任务 5.3 复杂零件自动编程加工

任务描述与分析

CAXA 数控车是一款由我国自主研发的、面向数控车床自动编程加工的 CAD/CAM 优秀软件,它具有强大的二维绘图功能和丰富的数据接口,可以完成复杂的工艺造型、刀具路径生成、后置代码生成和模拟仿真加工验证等任务。尤其是后置代码处理方式十分灵活,可以根据机床的实际情况修改配置参数来生成符合机床规范的加工代码。

如图 5.7 所示,复杂零件加工为案例,进行 CAXA 数控车自动编程加工训练,材料为 45 钢,毛坯尺寸为 45×110 mm,加工规模为单件。

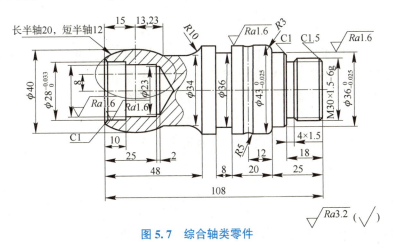

图 5.7 综合轴类零件

分析图样。该零件的结构形状较为复杂,包含外圆、内孔、圆弧、沟槽、螺纹和椭圆结构。其中,椭圆长半轴为 20 mm,短半轴为 12 mm,中心不在零件轴线上,偏离轴线 8 mm。如果按照手工编程加工,则椭圆部分的加工属于难点,而自动编程加工,则不存在困难。零件全部表面都要求加工,最小的尺寸公差为 0.025 mm,表面粗糙度为 $Ra3.2 \sim Ra1.6$,虽然没有直接给出形位公差要求,但是,零件的左右两端外圆之间、内孔与外圆之间也要保证同轴度在其尺寸公差范围内。

计划

> **小贴士**:产品质量是企业的生命线。请合理选择综合轴类零件加工方案,选择合适的自动加工策略,优化加工参数,精益求精,达到或超过任务要求的尺寸及粗糙度。

1. 设备选用

根据加工对象尺寸，可选择 SKC6140 等型号数控车床。

2. 确定安装方式

采取三爪卡盘安装，分二次装夹分别加工左右两边。

3. 确定工件加工步骤

1) 直接夹紧工件毛坯外圆，伸出长度约 70 mm，加工包括 43 外圆在内的右端部位，依次加工外轮廓（43、36 外圆、螺纹大径 30 及退刀槽、$R5$ 及 $R3$ 圆弧）、切槽（8×36）和 M30×1.5 螺纹。右端部位总的加工长度应比实际长度尺寸 60 mm 多 1～2 mm，以便调头加工时与 $R10$ 圆弧连接上。

2) 工件调头装夹，用铜皮包夹已加工好的 43 mm 外圆，校正加工。依次加工 25 与 28 内孔、椭圆、34 mm 外圆与 $R10$ 圆弧。其中，端面及总长在对刀时用手动加工，内孔用 23 mm 麻花钻预钻底孔。

4. 选择刀具、量具、工具

1) 刀具选择。

1 号刀。外轮廓粗车尖刀，YT15 硬质合金刀片，主偏角 $\kappa_\gamma = 93°$、刀尖角 $\varepsilon_\gamma = 35°$。

2 号刀。外轮廓精车尖刀，YT15 硬质合金刀片，主偏角 $\kappa_\gamma = 93°$、刀尖角 $\varepsilon_\gamma = 35°$。

3 号刀。切槽刀，刀头宽度 $a = 3$ mm，YT15 硬质合金刀片。

4 号刀。60°外螺纹刀，YT15 硬质合金刀片。

卸下切槽刀和螺纹刀，换上内孔刀，另定义为 3 号刀：内孔粗车、精车同一把刀，YT15 硬质合金刀片，主偏角 $\kappa_\gamma = 93°$、刀尖角 $\varepsilon_\gamma = 80°$。

2) 量具选择。

根据零件尺寸精度，可选用 0～125 mm（0.02）游标卡尺、25～50 mm（0.01）千分尺、18～35 mm（0.01）内径量表、M30×1.5-6g 螺纹环规、$R5$ 圆弧样板、椭圆样板进行测量。

5. 切削用量的选择

1) 主轴转速。

粗车外轮廓时，s 取 500 r/min；精车外轮廓时，s 取 1 000 r/min；切槽时，s 取 350 r/min；车螺纹时，s 取 800 r/min；粗车内轮廓时，s 取 300 r/min；精车内轮廓时，s 取 600 r/min。

2) 进给速度。

粗车外轮廓时，f 取 0.25 mm/r；精车外轮廓时，f 取 0.08 mm/r；切槽时，f 取 0.08 mm/r；粗车内轮廓时，f 取 0.15 mm/r；精车内轮廓时，f 取 0.08 mm/r。

决策

1. 工艺过程卡编制

表5.6 综合复杂零件加工工艺过程卡

学院		机械加工工艺过程卡片		产品型号		零件图号	
				产品名称		零件名称	综合复杂零件
材料牌号	45钢	毛坯种类	棒料	毛坯外形尺寸	φ45×110	备注	
工序号	工序名称	工序内容	车间	设备	工艺装备		工时
10	下料	锯割下料	下料	锯床	液压平口钳、游标卡尺		
20	车削右端	直接夹紧工件毛坯外圆,伸出长度约70 mm,加工包括43 mm外圆在内的右端部位	数控车削	数控车床	三爪卡盘、游标卡尺、外径千分尺		
30	车削左端	工件调头装夹,用铜皮包夹已加工好的43 mm外圆,校正加工。依次加工25 mm与28 mm内孔、椭圆、34 mm外圆与R10圆弧	数控车削	数控车床	三爪卡盘、游标卡尺、外径千分尺、内径量表		
编制		审核		批准		共　页	第　页

2) 工序卡编制。

表5.7 综合复杂零件加工工序卡(30工序)

学院		数控加工工序卡片		产品名称或代号		零件名称	材料	零件图号
						综合复杂零件	45钢	
工序号	程序编号	夹具名称	夹具编号	使用设备			车间	
20		三爪卡盘		数控车床 FANUC 0I-TD 系统			数控车削车间	
工步号	刀路/程序号	工步内容	刀具号	刀具	主轴转速 /(r·min^{-1})	进给量 /(mm·r^{-1})	背吃刀量 /mm	量具
1	轮廓粗车/O4201	直接夹紧工件毛坯外圆,伸出长度约70 mm,依次加工包括43外圆在内的右端外轮廓,外径留量1	1	外圆粗车刀	500	0.25	1	游标卡尺
2	轮廓精车	半精车,留量0.5 mm	2	外圆精车刀	1 000	0.08	0.5	游标卡尺外径千分尺

续表

工步号	刀路/程序号	工步内容	刀具号	刀具	主轴转速/(r·min^{-1})	进给量/(mm·r^{-1})	背吃刀量/mm	量具
3	轮廓精车	精车包括43外圆在内的右端外轮廓至尺寸	2	外圆精车刀	1 000	0.08	0.5	游标卡尺外径千分尺
4	切槽/O4202	切槽（8×36）	3	切槽刀	350	0.08		游标卡尺
5	车螺纹/O4203	车螺纹	4	螺纹刀	800			螺纹环规

实施

小贴士：生命至上，安全第一。安全生产，重在预防。请按规章制度要求开展综合轴类零件数控车床加工的各项操作。

1. 实施步骤

1）创建刀具轨迹并后置处理程序。

（1）建立加工模型。

利用CAXA数控车床软件绘制零件各工序的被加工轮廓和毛坯轮廓，如图5.8（a）~图5.8（e）所示。在绘制右端外轮廓时，切槽工序的轮廓先不绘制。左右两端的加工分别以工件端面旋转中心为原点建立工件坐标系。注意：建立起第一道工序模型后，保存模型，再另外新建绘图界面建立下一道工序的模型，各道工序的工件坐标原点都必须与绘图屏幕的坐标原点重合。

（2）机床设置。

本例选择FANUC数控车床系统进行机床参数设置，如图5.9所示。

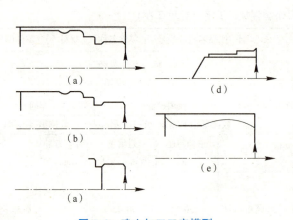

图5.8 建立加工工序模型

(a) 右端外轮廓建模；(b) 切槽建模；(c) 车螺纹建模；
(d) 内轮廓建模；(e) 椭圆部位建模

图5.9 零件参数机床设置

(3) 确定加工参数生成刀具轨迹。

①右端外轮廓加工。

打开模型图 5.8 (a) 进行操作。

确定轮廓粗车参数。点击数控车功能工具栏上 图标，在系统弹出"粗车参数表"对话框上设置粗车参数。加工参数为加工表面类型选择外轮廓，切削行距取 2，干涉后角取 52°（即为副偏角，因主偏角 93°，刀尖角 35°，则副偏角为 52°），留精车余量 0.5 mm，具体设置如图 5.10 所示。

进退刀方式具体设置如图 5.11 所示。切削用量为主轴转速取 500 r/min，进刀量取 0.25 mm/r，具体设置如图 5.12 所示。轮廓车刀粗车刀设为 1 号刀 1 号刀补，刀尖半径取 0.4，具体设置如图 5.13 所示。

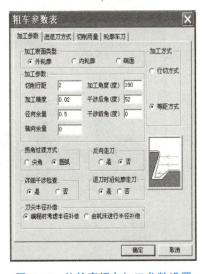

图 5.10　外轮廓粗车加工参数设置

图 5.11　外轮廓粗车进退刀方式设置

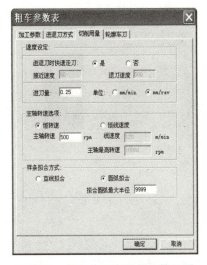

图 5.12　外轮廓粗车切削用量设置

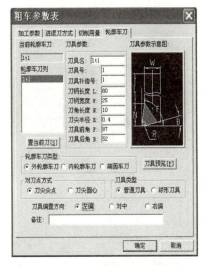

图 5.13　外轮廓粗车刀参数设置

生成粗车刀具轨迹。拾取被加工表面轮廓和毛坯轮廓，输入进退刀点坐标，例如（50，50），回车或右键确定后，则生成粗加工刀具轨迹，如图 5.14 所示。

确定轮廓精车参数。点击数控车功能工具栏上 图标，在系统弹出的"精车参数表"对话框上设置精车参数。

加工参数项径向余量设为 0。切削用量项为主轴转速取 1 000 r/min，进刀量取 0.08 r/min。轮廓刀具项。精车刀设为 2 号刀 2 号刀补，刀尖半径取 0.2。其余模块的设置与粗车相同。

生成精车刀具轨迹。拾取被加工表面轮廓，输入进退刀点坐标，例如（45，50），回车或右键确定后，则生成精加工刀具轨迹，如图 5.14 所示。生成轮廓加工刀具轨迹后进行仿真校验。

②切槽。

打开模型图 5.8（b）进行操作。

确定切槽参数。点击数控车功能工具栏上 图标，在系统弹出的"切槽参数表"对话框上设置切槽参数。切槽加工参数具体设置如图 5.15 所示。注意：当刀头宽=槽宽时，应将加工余量设为零。切削用量选取。切槽时刀具、工件刚性不足，切削用量应取低一些，具体设置如图 5.16 所示。切槽刀具切槽刀设为 3 号刀 3 号刀补，具体设置如图 5.17 所示。

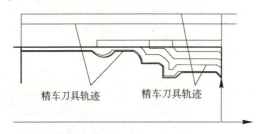

图 5.14　右端外轮廓刀具轨迹

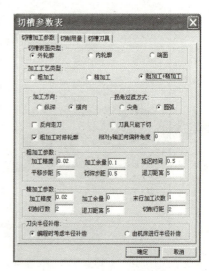

图 5.15　切槽加工参数设置

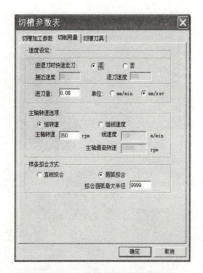

图 5.16　切槽切削用量设置

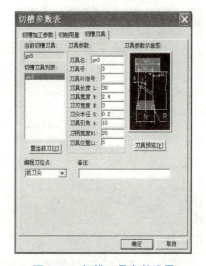

图 5.17　切槽刀具参数设置

生成要槽刀具轨迹。拾取沟槽两侧面和底面轮廓，输入进退刀点坐标，例如（50，50），回车或右键确定，便生成切槽刀具轨迹，如图 5.18 所示。生成切槽刀具轨迹后进行仿真校验。

③车螺纹。

打开模型图 5.8（c）进行操作。

确定螺纹参数。点击数控车功能工具栏上 图标，系统提示拾取螺纹起始点和终点，当拾取后，系统弹出螺纹参数表要求设置。对该表中各项参数的设置说明如下。

螺纹参数。螺纹参数中的起点终点坐标由模型图中拾取。螺纹起始点（切削起点）与螺纹应有一个 δ_1 的切入长度，螺纹终点（切削终点）亦应有一个 δ_2 的退尾长度，如图 5.19 所示。一般 δ_1 长度取 2~3 mm，δ_2 长度取（0.5~1）P（P-螺距）。

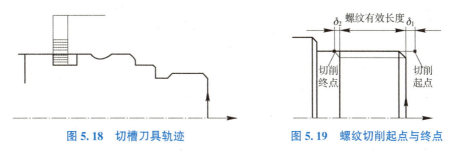

图 5.18　切槽刀具轨迹　　　图 5.19　螺纹切削起点与终点

螺纹牙高、头数、节距均根据螺纹具体尺寸给出。螺纹参数的具体设置，如图 5.20 所示。

螺纹加工参数。当螺纹一次性车成时，加工工艺应选取粗加工+精加工方式。粗加工深度+精加工深度=螺纹牙高，其中，精加工深度不应大于 0.2 mm。螺纹加工参数的具体设置，如图 5.21 所示。

图 5.20　螺纹参数设置

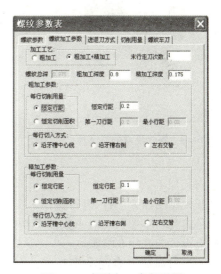
图 5.21　螺纹加工参数设置

进退刀方式。进刀方式采用垂直或矢量方式均可。有退刀槽时的退刀采用垂直方式，无退刀槽时的退刀采用矢量方式。进退刀方式的具体设置，如图 5.22 所示。

切削用量。在车螺纹时，主轴转速的选择是当螺距大时取高些，螺纹小时取低些。进刀量按实际螺距给出。切削用量的具体设置，如图 5.23 所示。

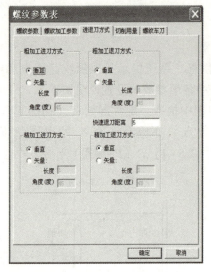

图 5.22　螺纹进退刀方式设置

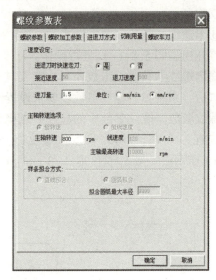

图 5.23　螺纹切削用量设置

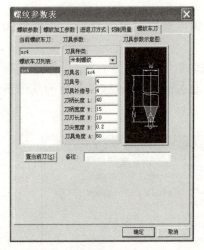

图 5.24　螺纹车刀参数设置

螺纹车刀。螺纹刀具种类根据具体加工的螺纹类型确定。螺纹刀具角度指螺纹刀尖角，等于牙型角。螺纹车刀设为 4 号刀 4 号刀补，具体设置如图 5.24 所示。

生成螺纹刀具轨迹。对螺纹参数表中的各项参数设置完毕，选择"确定"，系统提示输入进退刀点坐标，例如输入（40，50），回车或右键确定后，便生成螺纹刀具轨迹，如图 5.25 所示。生成螺纹刀具轨迹后进行仿真校验。

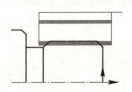

图 5.25　螺纹刀具轨迹

④内孔加工。

打开模型图 5.8（d）进行操作。

确定内孔粗车参数。点击数控车功能工具栏上 ![icon] 图标，在系统弹出的"粗车参数表"对话框上设置内孔粗车参数。

加工参数为加工表面类型选择内轮廓，切削行距取 0.7，干涉后角取 7°（因主偏角 93°、刀尖角 80°、则干涉后角即副偏角为 7°），留精车余量 0.3 mm，具体设置如图 5.26 所示。进退刀方式选择垂直方式，具体设置如图 5.27 所示。切削用量因为内孔刀刚性不如外圆刀，因此切削用量取小一些，具体设置如图 5.28 所示。轮廓车刀内孔刀设为 3 号刀 3 号刀补，刀尖半径取 0.2 mm，具体设置如图 5.29 所示。

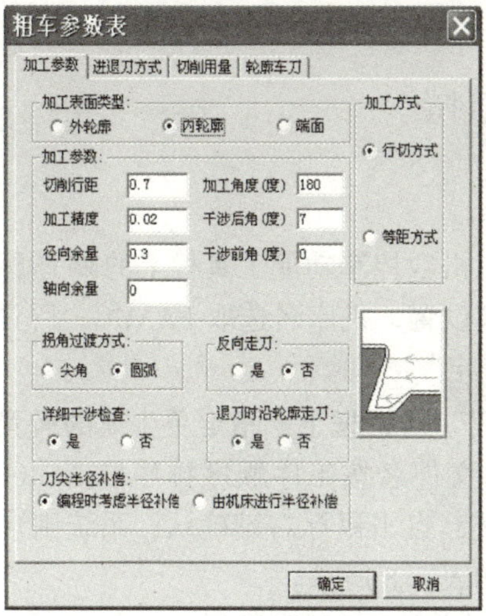

图 5.26 内孔粗车加工参数设置

图 5.27 内孔粗车进退刀方式设置

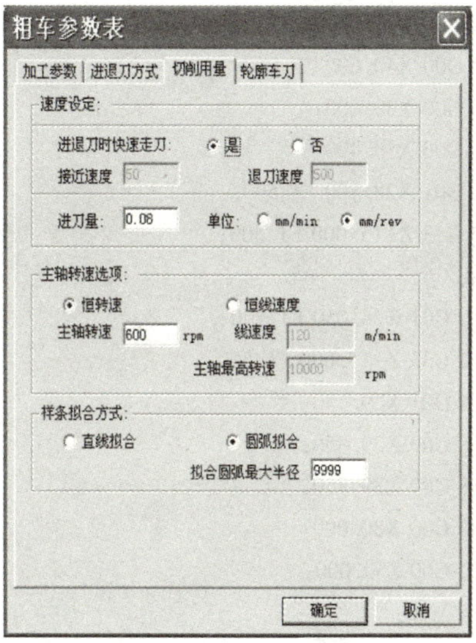

图 5.28 内孔粗车切削用量设置
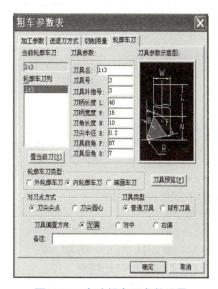
图 5.29 内孔粗车刀参数设置

生成内孔粗车刀具轨迹。拾取被加工表面轮廓和毛坯轮廓，输入进退刀点坐标，例如（80，40），回车或右键确定后，则生成内孔粗车刀具轨迹，如图 5.30 所示。

确定内孔精车参数。点击数控车功能工具栏上 ![] 图标，在系统弹出"精车参数表"对话框上设置内孔精车参数。

加工参数项径向余量设为 0。切削用量项为主轴转速取 600 r/min，进刀量取 0.08 mm/r；轮廓刀具的选择，与粗车刀同为 3 号刀。其余模块的设置与粗车相同。

生成内孔精车刀具轨迹。拾取被加工表面轮廓，输入进退刀点坐标，例如（80，12），回车或右键确定后，则生成精加工刀具轨迹，如图 5.30 所示。生成内孔刀具轨迹

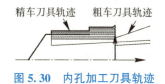
图 5.30 内孔加工刀具轨迹

后进行仿真校验。

⑤椭圆部位加工。

与右端外轮廓的加工操作方法相同，不做重复讨论。

（4）后置处理生成加工程序。

逐一打开各工序的刀具轨迹图，分别进行操作。

从第一道工序（右端外轮廓加工）开始，先点击数控车功能工具栏上的 图标，在系统弹出的"后置处理设置"对话框上进行后置处理设置。机床名选取FANUC，后置程序号按工序顺序排序取4008~1012，然后点"保存、确定"。

再点击 图标，在系统弹出的"生成后置代码"对话框上，指定要生成的后置代码文件名及存放的路径。数控系统选择FANUC，代码文件名按工序顺序排序取NC4008.cut~NC1012.cut。点击"确定"后，拾取加工刀具轨迹，点击鼠标右键确认，系统则自动生成NC代码（即加工程序）。各道工序的加工程序，如表5.8所示。

生成加工代码后，将所有刀具代码如"T11"改为"T0101"的形式。

表5.8 综合复杂零件加工程序

O4201；（右端外轮廓加工程序）	N52 G00 X41.000；
N8 G99	N54 G00 X40.600 Z2.000；
N10 G50 S10000；	N56 G00 X30.600；
N12 G00 G97 S500 T0101；	N58 G00 X30.400；
N14 M03；	N60 G01 X28.800 F1.500；
N16 M08；	N62 G33 Z-15.000 F1.500；
N18 G00 X100.000 Z50.000；	……
N20 G00 Z-0.000；	N110 G01 X28.050 F1.500；
N22 G00 X50.173；	N112 G33 Z-15.000 F1.500；
N24 G00 X42.423；	N114 G01 X29.650；
N26 G99 G03 X43.000 Z-1.900 I-6.111 K-1.900 F0.250；	N116 G00 X29.850；
	N118 G00 X39.850；
N28 G01 Z-12.900；	N120 G00 X80.000；
N30 G03 X42.898 Z-13.705 I-6.400 K0.000；	N122 G00 Z50.000；
N32 G03 X43.251 Z-13.875 I-4.349 K-4.695；	N124 M09；
	N126 M30；
N34 G01 X45.251 Z-14.875；	
N36 G03 X46.000 Z-15.283 I-4.525 K-4.525；	O4204；（内孔加工程序）
	N10 G50 S10000；
N38 G00 X46.173 Z-14.287；	N12 G00 G97 S600 T0303；
N40 G00 X50.173；	N14 M03；
N42 G00 Z0.000；	N16 M08；
……	N18 G00 X80.000 Z80.000；
N206 G01 Z-63.000；	N20 G00 X18.800 Z0.300；
N208 G01 X45.600；	N22 G00 X22.800；
N210 G00 X55.600；	N24 G99 G01 Z-25.000 F0.080；
N212 G00 X90.000；	N26 G01 X21.800；
N214 G00 Z50.000；	N28 G00 X17.800；
N216 M09；	N30 G00 Z0.300；

N218 M30;

O4202;（切槽加工程序）
N8 G99
N10 G50 S10000;
N12 G00 G97 S350 T0303;
N14 M03;
N16 M08;
N18 G00 X100.000 Z50.000;
N20 G00 Z-48.100;
N22 G00 X52.600;
N24 G00 X42.600;
N26 G99 G01 X41.000 F0.080;
N28 G04 X0.500;
N30 G01 Z-52.900;
N32 G04 X0.500;
N34 G00 X51.000;
N36 G00 Z-48.100;
N38 G00 X41.000;
N40 G01 X39.400 F0.080;
……
N150 G01 X36.000 F0.080;
N152 G01 Z-51.800;
N154 G01 Z-53.000;
N156 G01 X42.600;
N158 G00 X52.600;
N160 G00 X100.000;
N162 G00 Z50.000;
N164 M09;
N166 M30;

O4203;（螺纹加工程序）
N8 G99
N10 G50 S10000;
N12 G00 G97 S800 T0404;
N14 M03;
N16 M08;
N18 G00 X80.000 Z50.000;
N20 G00 Z2.000;
N22 G00 X41.400;
N24 G00 X31.400;
N26 G00 X31.200;
N28 G99 G01 X29.600 F1.500;
N30 G33 Z-15.000 F1.500;
N32 G01 X31.200;

N32 G00 X24.200;
N34 G01 Z-25.000 F0.080;
N36 G01 X22.800;
N38 G00 X18.800;
N40 G00 Z0.300;
……
N112 G01 Z-10.000;
N114 G01 X25.400;
N116 G02 X25.000 Z-10.200 I-0.000 K-0.200;
N118 G01 Z-25.000;
N120 G01 X22.400;
N122 G00 X12.400;
N124 G00 X24.000 Z80.000;
N126 M09;
N128 M30;

O4205;（椭圆部位加工程序）
N8 G99
N10 G50 S10000;
N12 G00 G97 S500 T0101;
N14 M03;
N16 M08;
N18 G00 X100.000 Z50.000;
N20 G00 Z-0.000;
N22 G00 X49.687;
N24 G00 X44.136;
N26 G99 G03 X45.000 Z-0.884 I-22.172 K-11.382 F0.080;
N28 G00 X45.687 Z0.055;
N30 G00 X49.687;
N32 G00 Z0.000;
N34 G00 X41.875;
N36 G03 X44.323 Z-2.633 I-21.042 K-11.382 F0.080;
N38 G03 X45.000 Z-3.533 I-30.428 K-11.956;
N40 G01 Z-27.280;
N42 G03 X43.000 Z-29.670 I-25.324 K9.194;
N44 G01 Z-40.048;
N46 G02 X45.000 Z-43.242 I5.600 K0.000;
N48 G00 X45.355 Z-42.258;
……
N190 G01 Z-39.848;

续表

| N34 G00 X31.400;
N36 G00 X41.400;
N38 G00 X41.000 Z2.000;
N40 G00 X31.000;
N42 G00 X30.800;
N44 G01 X29.200 F1.500;
N46 G33 Z-15.000 F1.500;
N48 G01 X30.800;
N50 G00 X31.000; | N192 G02 X42.721 Z-48.000 I9.800 K0.000;
N194 G01 X44.600;
N196 G00 X43.186 Z-47.293;
N198 G00 X54.600;
N200 G00 X90.000;
N202 G00 Z50.000;
N204 M09;
N206 M30; |

5) 将程序传送到机床。
6) 进行刀具、工、夹、量具的准备,工件安装。
7) 装刀及对刀、建立坐标。对切槽刀时,以左侧刀尖进行对刀。
8) 检查车刀位置安装正确。
9) 实施切削加工。
2. 实施过程记录

检测与评价

按表5.9内容进行检测。单项最终得分为教师检测得分减去结果一致性扣分。当学生的自检结果与教师的检查结果不一致时,尺寸每超差0.01扣1分,粗糙度值每相差一级扣1分,每项扣分不超过2分。

表5.9 任务评价表

零件编号:			学生姓名:		总得分			
序号	模块内容及要求	配分	评分标准	学生自检结果	教师检测		结果一致性扣分	单项最终得分
					结果	得分		
1	$\phi 43_{-0.025}^{0}/Ra1.6$	8/3	超0.01扣2分 Ra大一级扣2分					
2	$\phi 36_{-0.025}^{0}/Ra1.6$	8/3						
3	$\phi 28_{0}^{+0.033}/Ra1.6$	8/3						
4	$\phi 25_{0}^{+0.033}/Ra1.6$	8/3						
5	椭圆/Ra1.6	8/3	不合格不得分 Ra大一级扣2分					
6	M30×1.5-6g/Ra3.2	8/3						
7	R5/C1/C1.5/R10	2×4	不合格不得分					
8	108/25/10/8/20/25/18	2×7						
9	$\phi 36$	2						

续表

序号	模块内容及要求	配分	评分标准	学生自检结果	教师检测 结果	教师检测 得分	结果一致性扣分	单项最终得分
10	5S 管理及纪律 1. 安全文明生产 （1）无违章操作情况 （2）无撞刀及其他事故 2. 机床维护与保养 3. 纪律与态度	10	违章操作、撞刀、出现事故、不按要求维护和保养机床扣 5~10 分/次；违反纪律、学习不积极、没有团队协作精神的扣 2 分/次					

评估与总结

从以下几方面进行总结与反思。

1）对工件尺寸精度和表面质量进行评价，找出尺寸超差或表面质量缺陷的原因，提出改进方法。

2）对工艺合理性、加工效率、刀具寿命等方面进行评价，进一步优化切削参数。

3）对整个加工过程中出现的违反 5S 管理、安全文明生产等操作进行反思。

自我评估与总结。

_____

_____

_____

知识链接

一、工艺知识

1. CAXA 数控车简介

CAXA 数控车是 CAD/CAM 图形交互自动编程的软件，它利用内置的 CAXA 电子图板的图形功能，通过计算机键盘、鼠标等人机交互方式，在屏幕上确立零件数控加工的部位，根据输入的相关加工参数，计算机便可自动进行必要的数学处理并编制出数控加工程序，同时在屏幕上动态地显示刀具的加工轨迹。

目前，CAD/CAM 数控车自动编程软件，国内外都有很多，常用的有 CAXA 数控车、Mastercam、UG、Pro/Engineer 等软件。相对国外软件，国内软件虽然研发起步较晚，但是在使用功能方面已与国外同类软件相当，在易用性和价格方面也更贴近本地化市场需求，在技术支持和售后服务方面也有优势。

发展成熟的 CAXA 数控车，是一款我国自主研发的、集计算机辅助设计（CAD）和计算机辅助制造（CAM）于一体的数控车床自动编程专用软件。它基于微机平台，采用原创的 Windows 菜单和图形交互方式，自带全中文界面，便于编程人员轻松地学习和操作。它具有卓越的数控加工工艺性能、强大的二维绘图功能和完善的外部数据通信接口，可以完成零件建模、刀具路径生成、后置处理和刀具轨迹仿真验证等任务，可以根据不同的 CNC

系统配置生成符合机床规范的加工代码，使复杂的编程变得简单、准确和高效。

2. CAXA 数控车用户界面

启动 CAXA 数控车（2016 版）软件后，出现如图 5.31 所示具有 Windows 风格的中文界面。其主窗口由菜单栏、绘图工具栏、数控车功能工具栏、命令行、状态栏和绘图区等区域组成。

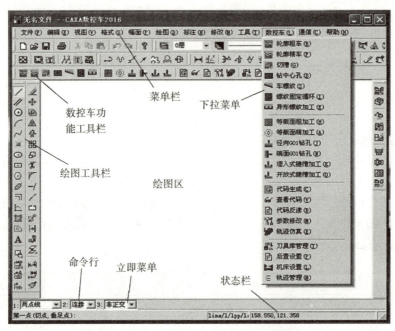

图 5.31　CAXA 数控车 2016 版主窗口显示页面

数控车功能工具栏，如图 5.32 所示，它集合了一组具有相关功能的按钮，包括"轮廓粗车""轮廓精车""切槽""钻孔""车螺纹""螺纹固定循环"等加工方式的选择，以及"刀具库管理""机床设置""后置设置""代码生成""轨迹仿真"等功能的选择。在主菜单栏上点击"数控车"，还出现与数控车功能工具栏有相同功能的下拉菜单。

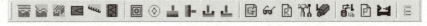

图 5.32　CAXA 数控车 2016 版功能工具栏

3. CAXA 数控车的基本使用

二维码 5-3

任务 5.4 竞赛组件数控车削

任务描述与分析

图 5.33 所示是组合零件的加工,零件材料为 45 号钢,毛坯为 $\phi50\times135$ mm、$\phi50\times110$ mm。按图样要求制定正确的工艺方案,选择合理的刀具和切削用量,编制数控加工程序完成零件的加工。

分析图样。如图 5.33 所示的竞赛组件 3 个零件的内外轮廓尺寸粗糙度要求都较高,长度、方向、尺寸精度也较高,两个装配尺寸也需要考虑加工精度。

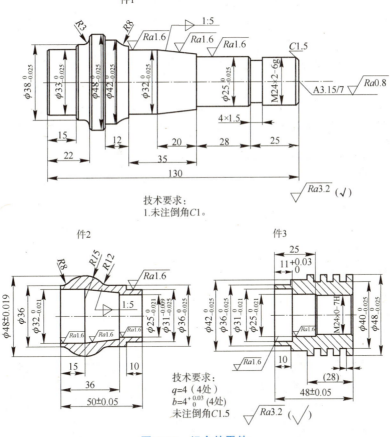

图 5.33 组合件零件

件 2、件 3 装配在件 1 上,且用件 3 紧固。件 2 和件 1 为内外圆柱配合和圆锥配合,件 3 与件 2 为内外圆柱配合,件 3 与件 1 为内外圆柱配合和螺纹配合,如图 5.34 所示。

在装配后,要求件 2 和件 1 圆锥配合接触面积≥65%,件 3 与件 1 外圆 Φ48 台阶端面间的距离为 72±0.10 mm,件 1、件 2 和件 3 装配后的工件总长为 130±0.10 mm,要求各组件间的外轮廓在连接处能平整光滑连接。

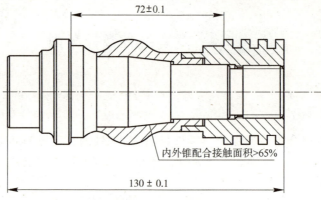

图 5.34 组合件装配

计划

创新是工匠精神的内核,请根据竞赛组件的单件加工和组件装配要求,设计出最优的综合解决方案。

1. 组件加工路线分析

在加工件 1 的外圆和外锥时,需用件 2 来检测圆锥配合接触面积进行试切;在加工件 3 内螺纹时,需用件 1 外螺纹进行检验和试切。因此,根据配车、配合和装配尺寸的要求,加工顺序应该为件 2→件 1→件 3。

2. 设备选用

根据加工对象尺寸,可选择 SKC6140 等型号数控车床。

3. 确定安装方式

采取三爪卡盘安装。

4. 确定工件加工步骤

加工步骤如表 5.10 所示。

表 5.10 加工步骤

工序	加工内容	工序简图
	在毛坯 φ50×110 mm 的棒料上车削件 2、件 3	
一	1. 卡盘夹持毛坯外圆,工件伸长约 60 mm,找正夹紧,车平端面钻孔 φ22×55 2. 粗车件 2 内轮廓尺寸,留精车余量 1 mm 3. 用圆弧尖刀粗精车件 2 外轮廓 R8、R15、R12、φ36、φ31 至尺寸要求 4. 精车件 2 内轮廓至尺寸要求 5. 切断刀车合外圆 φ31,切断件 2	

续表

工序	加工内容	工序简图
	车削件 2	
二	1. 卡盘夹持毛坯外圆垫铜皮，找正夹紧，车平端面取总长 50 mm，锐边去毛刺	
	车削件 1	
三	1. 卡盘夹持毛坯外圆，工件伸长约 40 mm，找正夹紧，车平端面 2. 粗精车件 1 左端外轮廓 $\phi48$、$R3$、$\phi36$ 至尺寸要求 3. 工件调头装夹，车平端面取总长 130 mm，钻中心孔 A3.15 4. 一夹一顶装夹工件，粗精车右端外轮廓至尺寸要求 5. 切槽、车螺纹 M24×2-6g	
	车削件 3	
四	1. 余料找正夹紧，车外圆 $\phi45\times20$ mm（作夹位用）	
五	1. 工件夹 $\phi45\times20$ mm 外圆，找正夹紧，车平端面 2. 粗精车件 3 外圆 $\phi48\times30$ 至尺寸要求，切槽 3-$\phi40\times4$ 至尺寸要求	
六	1. 工件调头垫铜皮夹外圆 $\phi48\times28$ 找正夹紧。车端面钻通孔 $\phi20$ 取总长 48 mm 2. 粗精车件 3 内轮廓至尺寸要求，车内螺纹 M24×2-7H 3. 粗精车件 3 左端外轮廓至尺寸要求	
	组装工件	
七	1. 清洗工件，去除毛刺 2. 按件 1→件 2→件 3 顺序装配组合工件	72±0.1 130±0.1 内外锥配合接触面积≥65%

5. 选择刀具、量具，选定切削用量

1）选择刀具。

刀具选择如表 5.11 所示。

表 5.11 刀具选择

序号	刀具类型	数量	加工表面	备注
1	外圆尖刀	2	外轮廓	刀尖角 35°
2	90°外圆刀	1	外圆、端面	
3	外螺纹车刀	1	外螺纹	刀尖角 60°
4	内螺纹车刀	1	内螺纹	刀尖角 60°
5	切槽刀	1	切槽、切断	刀头宽 3 mm
6	内孔车刀	2	内轮廓	
7	麻花钻	1		$\phi 20$
8	中心钻 A3	1		

2）选择量具。

选用游标卡尺 0.02 mm（0~150 mm）、外径千分尺 0.01 mm（25~50 mm）、内径量表 0.01 mm（18~35）、8~20 mm 半径样板、M24×2-6g 螺纹环规。

3）选定切削用量。

（1）粗车时切削用量的选择

零件表面粗糙度要求不高，加工余量不大，粗车时，背吃刀量取 $a_p \leq 2$ mm。进给量 f 取值范围为当切削外圆、端面时，$f=100~150$ mm/min；切削内孔时，刀具刚性差，$f=80~100$ mm/min。主轴转速 s 为切削外圆、端面时，$s=500~600$ r/min，切削内孔时，s 取 300~450 r/min。切槽（断）时，$s=200~300$ r/min。

（2）精车切削用量选择

背吃刀量 $a_p \leq 0.25$ mm；进给量 f 取 30~50 mm/min；切削外圆时，主轴转速 s 稍高取 800~1 000 r/min，切削内孔时，s 取 300~450 r/min；车削螺纹时，主轴转速 s 取 400~700 r/min，外螺纹取大值，内螺纹取小值。

决策

1. 工艺过程卡编制

表 5.12 加工工艺过程卡

学院		机械加工工艺过程卡片		产品型号		零件图号	
				产品名称			
材料牌号	45钢	毛坯种类	棒料	毛坯外形尺寸	φ50×135、φ50×110	备注	
零件	工序号	工序名称	工序内容	车间	设备	工艺装备	工时
	10	下料	锯割下料	下料	锯床	液压平口钳、游标卡尺	
件2	20	车削件2各轮廓面	车削件2各内、外圆台阶至尺寸	数控车削	数控车床	三爪卡盘、游标卡尺、外径千分尺	
	30	车削件2右端端面	车平端面取总长，锐边去毛刺	数控车削	数控车床	三爪卡盘、游标卡尺	
件1	40	车削件1左端	粗精车件1左端外轮廓 φ48、R3、φ36 至尺寸要求	数控车削	数控车床	三爪卡盘、游标卡尺、外径千分尺	
	50	取总长，钻件1右端端面中心孔	工件调头装夹，车平端面取总长130 mm，钻中心孔 A3.15			三爪卡盘、游标卡尺	
	60	车削件1右端	一夹一顶装夹工件，粗精车右端外轮廓、螺纹等至尺寸要求，锐边去毛刺	数控车削	数控车床	三爪卡盘、游标卡尺、外径千分尺、螺纹环规	
件3	70	车削件3左端φ45×20夹位	找正加工1的余料，车φ45×20夹位	数控车削	数控车床	三爪卡盘、游标卡尺	
	80	车削件3右端	夹φ45×20夹位，找正夹紧，粗精车件3 φ48外圆、槽至尺寸要求	数控车削	数控车床	三爪卡盘、游标卡尺、外径千分尺	
	90	车削件3左端	垫铜皮夹外圆φ48×28找正夹紧，粗精车件3内轮廓、内螺纹、外轮廓至尺寸要求	数控车削	数控车床	三爪卡盘、游标卡尺、外径千分尺、螺纹塞规	
	100	清洁工件，去毛刺，装配	清洁工件，去毛刺，装配			游标卡尺	
编制		审核		批准		共 页	第 页

项目 5 复杂零部件加工与自动编程 179

2. 工序卡编制

表 5.13 加工工序卡（60 工序）

学院		数控加工工序卡片		产品名称或代号	零件名称	材料	零件图号
				竞赛组件	件 1	45 钢	
工序号	程序编号	夹具名称	夹具编号	使用设备		车间	
60		三爪卡盘		数控车床		数控车削	
工步号	程序号	工步内容	刀具号	刀具	主轴转速 /(r·min^{-1})	进给速度 /(mm·min^{-1})	背吃刀量 /mm	量具
1	O4302	工件调头装夹，车平端面取总长 130 mm，钻中心孔 A3.15	1	外圆粗车刀	600	150		游标卡尺
2		一夹一顶装夹工件，粗车右端外轮廓，外径留量 1	1	外圆粗车刀	600	150	1.5	游标卡尺、外径千分尺
3		一夹一顶装夹工件，半精、精车右端外轮廓至尺寸要求	2	外圆精车刀	800	50	0.25	游标卡尺、外径千分尺
4		切槽	3	切槽刀	400	20		游标卡尺
		车螺纹 M24×2-6g	4	外三角螺纹刀	700			游标卡尺、螺纹环规
5		锐边去毛刺						

实施

小贴士：生命至上，安全第一。安全生产，重在预防。请按规章制度要求开展竞赛组合件数控车床加工的各项操作。

1. 实施步骤

1）程序编制与录入。

竞赛组合件的参考程序如表 5.14。

表 5.14 参考程序

程序	说明
车削件 2 T0101——硬质合金外圆粗车尖刀，用于粗车各外圆 T0202——硬质合金外圆精车尖刀，用于精车各外圆 T0303——90°硬质合金内孔车刀，用于粗精车内孔 T0404——硬质合金涂层机夹切槽刀，刀头宽 3 mm，用于切外沟槽切削	

续表

程序	说明
O4303;	程序名
N10 G98 G00 X100 Z100;	刀具快速定位至安全换刀点
N20 M03 S400 T0303;	主轴正转,换3号刀,执行3号刀补
N30 X22Z2;	刀具快速定位至G71循环起点
N40 G71 U1 R1;	G71切削循环粗车内轮廓
N50 G71 P60 Q120 U-0.3 W0 F80;	件2内孔精加工描述(N60~N120)
N60 G00 X33;	
N70 G01 Z0 F30;	
N80 X32 W-0.5;	
N90 Z-15;	
N100 X27.8 Z-36;	
N110 X25;	
N120 Z-52;	
N130 G00 X100 Z100;	刀具快速定位至安全换刀点
N140 M03S 600 T0101;	主轴正转,换1号刀,执行1号刀补
N150 X60 Z2;	刀具快速定位至G73循环起点
N160 G73 U8.5 W0 R10;	G73切削循环粗车外轮廓
N170 G73 P180 Q260 U0.5 W0 F120;	件2外轮廓精加工描述(N180~N260)
N180 G0 X36;	
N190 G01 Z0 F50;	
N200 G02 X40.87 W-5.39 R8;	
N210 G03 X48 Z-15.4 9R15;	
N220 X41.33 W-9.43 R15;	
N230 G02 X36 W-7.54 R12;	
N240 G01 Z-40;	
N250 X31 W-2;	
N260 Z-54;	
N270 G00 X100 Z100;	刀具快速定位至安全换刀点
N280 M03 S700 T0202;	主轴正转,换2号刀,执行2号刀补
N290 X60 Z2;	刀具快速定位至G73循环起点
N300 G70 P180 Q260;	G70件2外轮廓精加工
N310 G0 X100 Z100;	刀具快速定位至安全换刀点
N320 M03 S500 T0303;	主轴正转,换3号刀,执行3号刀补
N330 X22 Z2;	刀具快速定位至内孔G71循环起点
N340 G70 P60 Q120;	件2内孔精加工
N350 G0 X100 Z100;	刀具快速定位至安全换刀点
N360 M03 S300 T0404;	主轴正转,换4号刀,执行4号刀补
N370 X50 Z-43;	刀具快速定位
N380 X38;	刀具快速定位
N390 G01 X31 F30;	精车 $\phi31\times10$
N400 G0 X38;	刀具快速定位

续表

程序	说明
N410 Z-53； N420 G01 X24 F30； N430 G0 X100 Z100； N440 M30；	刀具快速定位 切断件2 刀具快速定位至安全换刀点 程序结束
车削件1左端 T0101——硬质合金外圆弧粗车尖刀，用于粗车各外圆 T0202——硬质合金外圆弧精车尖刀，用于精车各外圆	
O4301； N10 G98 G00 X100 Z50； N20 M03 S600 T0101； N30 X50 Z2； N40 G71 U1.5 R1； N50 G71 P60 Q160 U0.5 W0 F150； N60 G0 X31； N70 G01 Z0 F50； N80 X33 Z-1； N90 Z-15； N100 X36； N110 X38 W-1； N120 Z-19； N130 G02 X42 W-3 R3； N140 G01 X46； N150 X48 W-1； N160 Z-33； N170 G00 X100 Z50； N180 M03 S800 T0202； N190 X50 Z2； N200 G70 P60 Q160；	程序名 刀具快速定位至安全换刀点 主轴正转，换1号刀，执行1号刀补 刀具快速定位至G71循环起点 G71切削循环粗车左端外轮廓 件1左端精加工轮廓描述（N60~N160） 刀具快速定位至安全换刀点 主轴正转，换2号刀，执行2号刀补 刀具快速定位至G70循环起点
N210 G0 X100 Z50； N220 M30；	G70调用N60~N160程序段进行精车 刀具快速定位至安全换刀点 程序结束
车削件1右端 T0101——硬质合金外圆弧粗车尖刀，用于粗车各外圆 T0202——硬质合金外圆弧精车尖刀，用于精车各外圆 T0303——硬质合金涂层机夹切槽刀，刀头宽3mm，用于切外沟槽切削 T0404——60°硬质合金涂层机夹螺纹车刀，用于车螺纹	

续表

程序	说明
O4302； N10 G98 G00 X180 Z2； N20 M03 S600 T0101； N30 X60 Z2； N40 G73 U14.5 W0 R20； N50 G73 P60 Q220 U0.5 W0 F150； N60 G0 X18； N70 G01 Z0 F50； N80 X24 W-1.5； N90 Z-19.5； N100 X21 W-1.5 N110 Z-25 N120 X23； N130 X25 W-1 N140 Z-53； N150 X28； N160 X32 W-20； N170 Z-88； N180 X36； N190 G02 X46 W-6.25 R8； N200 G01 Z-100； N210 X46； N220 X49 W-1.5； N230 G00 X180 Z2； N240 M03 S800 T0202； N250 X50 Z2； N260 G70 P60 Q220； N270 G0 X180 Z2； N280 M03 S700 T0404； N290 X28 Z2； N300 G92 X23 Z-27 F2； N310 X22.2； N320 X21.8； N330 X21.6；	程序名 刀具快速定位至安全换刀点 主轴正转，换1号刀，执行1号刀补 刀具快速定位至G73循环起点 G73切削循环粗车左端外轮廓 件1左端精加工轮廓描述（N60~N220） 刀具快速定位至安全换刀点 主轴正转，换2号刀，执行2号刀补 刀具快速定位至G70循环起点 G70调用N60~N220程序段进行精车 主轴正转，换4号刀，执行4号刀补 刀具快速定位至螺纹切削循环起点 螺纹切削第一次进给 螺纹切削第二次进给 螺纹切削第三次进给 螺纹切削第四次进给
N340 G0 X180 Z2； N350 M30；	刀具快速定位至安全换刀点 程序结束
车削件3右端 T0101——硬质合金外圆弧粗车尖刀，用于粗车各外圆 T0202——硬质合金外圆弧精车尖刀，用于精车各外圆 T0303——硬质合金涂层机夹切槽刀，刀头宽3 mm，用于切外沟槽切削	

项目5 复杂零部件加工与自动编程

续表

程序	说明
O4304； N10 G98 G00 X100 Z100； N20 M03 S600 T0101； N30 X50 Z2； N40 G90 X48.5 Z-30 F120； N50 G0 X46； N60 G01 Z0 F50； N70 X48 W-1； N80 Z-30； N90 G00 X100 Z100； N100 M03 S300 T0303； N110 X50 Z-7.7； N120 M98 P4305； N130 G0 X50 Z-15.7； N140 M98 P4305； N150 G0 X50 Z-23.7； N160 M98 P4305； N170 G0 X100 Z100； N180 M03 S400 T0404； N190 G0 X50 Z-8； N200 M98 P4306； N210 G0 X50 Z-16； N220 M98 P4306； N230 G0 X50 Z-24； N240 M98 P4306； N250 G0 X100 Z100； N260 M30； O4305； N10 G75R1； N20 G75 X40.2 W0.4 P2000 Q1200 F20； N30 M99； O4306； N10 G1 X40 F30； N20 W0.6；	程序名（件3右端程序） 刀具快速定位至安全换刀点 主轴正转，换1号刀，执行1号刀补 刀具快速定位 粗车外圆 刀具快速定位 刀具切削至端面 倒角 精车外圆 刀具快速定位至安全换刀点 主轴正转，换3号刀，执行3号刀补 刀具快速定位 子程序调用粗车外沟槽 $\phi 40 \times 4$ 刀具快速定位 子程序调用粗车外沟槽 $\phi 40 \times 4$ 刀具快速定位 子程序调用粗车外沟槽 $\phi 40 \times 4$ 刀具快速定位至安全换刀点 主轴正转，换4号刀，执行4号刀补 刀具快速定位 子程序调用精车外沟槽 $\phi 40 \times 4$ 刀具快速定位 子程序调用精车外沟槽 $\phi 40 \times 4$ 刀具快速定位 子程序调用精车外沟槽 $\phi 40 \times 4$ 刀具快速定位至安全换刀点 程序结束 切槽粗车子程序 子程序结束 切槽精车子程序
N30 X49 F200； N40 W0.4； N50 X40 F30； N60 X50 W-0.3 F200； N70 M99；	子程序结束

续表

程序	说明
车削件3左端 T0101——硬质合金外圆弧精车尖刀,用于粗精车各外圆 T0202——60°硬质合金涂层机夹内螺纹车刀 T0303——90°硬质合金内孔车刀,用于粗精车内孔	
O4307	程序名(件3左端程序)
N10 G98 G00 X100 Z100;	刀具快速定位至安全换刀点
N20 M03 S400 T0303;	主轴正转,换3号刀,执行3号刀补
N30 X20 Z2;	刀具快速定位至G71循环起点
N40 G71 U1 R0.5;	G71切削循环粗车左端内轮廓
N50 G71 P60 Q140 U-0.3 W0 F60;	件3左端内轮廓精加工描述(N60~N140)
N60 G0 X32;	
N70 G1 Z0 F30;	
N80 X31 W-1;	
N90 Z-11;	
N100 X26;	
N110 X25 W-0.5;	
N120 Z-25;	
N130 X22 W-1.5;	
N140 Z-50;	
N150 G0 X100 Z100;	
N160 M03 S500 T0303;	刀具快速定位至安全换刀点
N170 X20 Z2;	主轴正转,换3号刀,执行3号刀补
N180 G70 P60 Q140;	刀具快速定位至G70循环起点
N190 G0 X100 Z100;	G70切削循环精车左端内轮廓
N200 M03 S400 T0202;	刀具快速定位至安全换刀点
N210 X20 Z2	主轴正转,换2号刀,执行2号刀补
N220 G92 X22.8 Z-50 F2;	刀具快速定位至螺纹切削起点
N230 X23.4;	螺纹切削第一次进给
N240 X23.8;	螺纹切削第二次进给
N250 X24.2;	螺纹切削第三次进给
N260 X24.4;	螺纹切削第四次进给
N270 G0 X100 Z100;	螺纹切削第五次进给
N280 M03 S600 T0101;	刀具快速定位至安全换刀点
N290 X50 Z2;	主轴正转,换1号刀,执行1号刀补
N300 G71 U1.5 R1;	刀具快速定位至G71循环起点
N310 G71 P320 Q370 U0.5 W0 F120;	G71切削循环粗车外轮廓
N320 G0 X36;	件3左端外轮廓精加工描述(N320~N370)

续表

程序	说明
N330 G1Z0 F50;	
N340 Z-3.75;	
N350 G02 X42 W-6.25 R8;	
N360 G01 Z-20;	
N370 X49;	
N380 G0 X100 Z100;	刀具快速定位至安全换刀点
N390 M03 S800 T0101;	主轴正转，换1号刀，执行1号刀补
N400 X50 Z2;	刀具快速定位至G70循环起点
N410 G70 P320 Q370;	G70切削循环精车左端外轮廓
N420 G0 X100 Z100;	刀具快速定位至安全换刀点
N280 M30;	程序结束

2）试运行，检查刀路路径正确。

3）进行刀具、工、夹、量具的准备，安装工件。

4）装刀及对刀、建立坐标，以外圆车刀为基准刀。

5）检查刀补设置数据正确。

6）实施切削加工。

作为单件加工或批量加工的首件，为了避免尺寸超差引起报废，对刀后留 X 向的刀补余量 0.5 mm（加工内孔时为负值）再加工。精车后，检查尺寸再修改刀补，跳段至精车开始段再执行运行加工。

2. 实施过程记录

___

___

___

___

___

___

___

___

检测与评价

> **小贴士**：质量是企业的生命线。请秉持严谨细致的工作态度，强化质量意识，严格按图纸要求加工出合格产品，并如实填写自检结果。

按表 5.15 内容进行检测。单项最终得分为教师检测得分减去结果一致性扣分。当学生的自检结果与教师的检查结果不一致时，尺寸每超差 0.01 扣 1 分，粗糙度值每相差一级扣 1 分，每项扣分不超过 2 分。

表 5.15 任务评价表

零件编号：			学生姓名：		总得分：				
模块	序号	模块内容及要求	配分	评分标准	学生自检结果	教师检测		结果一致性扣分	单项最终得分
						结果	得分		
件1	1	$\phi48_{-0.025}^{0}/Ra3.2$	2/0.5	不合格不得分					
	2	$\phi38_{-0.025}^{0}/Ra3.2$	2/0.5						
	3	$\phi42_{-0.025}^{0}/Ra3.2$	2/0.5						
	4	$\phi32_{-0.025}^{-0.009}/Ra1.6$	2/1						
	5	$\phi2532_{-0.025}^{-0.009}/Ra3.2$	2/1						
	6	$\phi33/Ra3.2$	1/0.5	不合格不给分					
	7	外圆锥 1:5/$Ra1.6$	2/1						
	8	M24×2 螺纹中径	3						
	9	牙型两侧/$Ra3.2$	1/1						
	10	$R3$、$R8$	1、1						
	11	15, 22, 12, 35, 20, 28, 25, 4×1.5, 13	0.5×12						
	12	V 型槽 2-6、2-9	4×0.5						
件2	1	$\phi48\pm0.019$	2	不合格不得分					
	2	$\phi36_{-0.025}^{0}/\phi36$	2/1						
	3	$\phi3132_{-0.025}^{-0.009}/Ra1.6$	2/1						
	4	$\phi32_{0}^{+0.021}/Ra1.6$	2/1						
	5	$\phi25_{0}^{+0.021}/Ra1.6$	2/1						
	6	内圆锥 1:5/$Ra1.6$	1/1						
	7	$R8$, $R15$, $R12$	1×3						
	8	$Ra3.2$（6 处），长度 3 处，$C1.5$	0.5×10						
件3	1	$\phi48_{-0.025}^{0}/Ra3.2$	2/0.5	不合格不得分					
	2	$\phi42 \begin{array}{l} x=a\times\sin(t) \\ z=b\times\cos(t) \end{array} /Ra3.2$	2/0.5						
	3	$\phi40_{-0.05}^{0}/Ra3.2$	2/0.5						
	4	$\phi36_{-0.025}^{0}/Ra3.2$	2/0.5						
	5	$\phi31_{0}^{+0.021}/Ra1.6$	2/1						
	6	$\phi25_{0}^{+0.021}/Ra1.6$	2/1						
	7	螺纹牙型，牙侧 $Ra3.2$	1, 2						
	8	$4_{0}^{+0.03}$, $Ra3.2$（4 处）	1×4, 0.5×4						
	9	11, 48, $R8$	1×3						
	10	10, 4（4 处），$C1.5$	0.5×6						

续表

模块	序号	模块内容及要求	配分	评分标准	学生自检结果	教师检测 结果	教师检测 得分	结果一致性扣分	单项最终得分
其它	1	72±0.1/130±0.1	2/2	不合格不得分					
	2	圆锥配合≥65%	3						
	3	螺纹配合	3						
	4	5S 管理及纪律 1. 安全文明生产 （1）无违章操作情况 （2）无撞刀及其他事故 2. 机床维护与环保 3. 纪律与态度	10	违章操作、撞刀、出现事故、不按要求维护和保养机床扣 5~10 分/次；违反纪律、学习不积极、没有团队协作精神的扣 2 分/次					

评估与总结

从以下几方面进行总结与反思。

1）对工件尺寸精度和表面质量进行评价，找出尺寸超差或表面质量缺陷的原因，提出改进方法。

2）对工艺合理性、加工效率、刀具寿命等方面进行评价，进一步优化切削参数。

3）对整个加工过程中出现的违反 5S 管理、安全文明生产操作方面进行反思。

自我评估与总结。

_____
_____
_____

 职业技能鉴定理论测试

一、单项选择题（请将正确选项的代号填入题内的括号中）

1. 下列说法正确的是（　　）。
   A. 地址 O 都可以引用变量
   D. 地址 O 和 N 都不能引用变量。
   B. 地址 N 可以引用变量，如 O#310
   C. 地址 O 可以引用变量，如 O#300

2. 编制宏程序时，小于等于的判别符号是（　　）。
   A. LT　　B. GT　　C. LE　　D. GE

3. 下列宏程序语句中，（　　）为减法运算。
   A. G65 H02 P#201 Q#202 R15　　B. G65 H04 P#201 Q#202 R#203
   C. G65 H03 P#201 Q#202 R#203　　D. G65 H05 P#201 Q#202 R#203

4. 无条件跳转指令 G65 H80 P150，代表程序无条件跳转到（　　）段。
   A. N150　　B. 160　　C. 80　　D. 90

5. 宏程序编程时，用"度"指定 P、Q、R 的单位，单位是（　　）度。
   A. 十分之一　　　B. 百分之一　　　C. 千分之一　　　D. 万分之一
6. 下列代码中，属于非模态代码的是（　　）。
   A. M03　　　　　B. F150　　　　　C. S250　　　　　D. G04
7. 使用快速定位指令 G00 时，刀具的整个运动轨迹（　　），因此，要注意防止刀具和工件及夹具发生干涉。
   A. 与坐标轴方向一致　　　　　　　B. 不一定是直线
   C 按编程时给定的速度运动　　　　D. 一定是直线
8. 在 CAXA 数控车软件中，可以采用（　　）等方法画出圆弧。
   A. 圆心+起点　　B. 三点圆弧　　　C. 起点+半径　　　D. 起点+终点
9. 能自动捕捉直线、圆弧、圆及样条线端点的快捷键为（　　）。
   A. M 键　　　　　B. F 键　　　　　C. S 键
10. 快速裁剪是将拾取到的曲线沿（　　）的边界处进行裁剪。
    A. 最近　　　　　B. 附近　　　　　C. 端点
11. 可以画任意方向直线的是（　　）方式。
    A. 正交　　　　　B. 非正交　　　　C. 长度
12. 刀具库管理功能用于定义和确定刀具的有关数据，以便于用户从刀具库中获取刀具信息，对刀具库进行维护。该功能包括（　　）种刀具类型的管理。
    A. 轮廓车刀和切槽刀具　　　　　　B. 螺纹车刀和钻孔车刀
    C. 以上都包括
13. 钻孔时的进给速度是指（　　）。
    A. 主轴转速　　　B. 进刀速度　　　C. 接近速度
14. 钻孔加工最终所有的加工轨迹都在工件的（　　）轴上。
    A. 旋转　　　　　B. 垂直　　　　　C. 水平
15. 自动运行过程中需暂停加工时，应（　　）。
    A. 按复位键　　　　　　　　　　　B. 按进给保持键
    C. 按急停按钮　　　　　　　　　　D. 将进给倍率调至零位
16. 在每一工序中，确定加工表面的尺寸和位置所依据的基准，称为（　　）。
    A. 设计基准　　　B. 工序基准　　　C. 定位基准　　　D. 测量基准
17. 测量基准是指工件在（　　）时所使用的基准。
    A. 加工　　　　　B. 装配　　　　　C. 检验　　　　　D. 维修
18. 用心轴对有较长长度的孔进行定位时，可以限工件的（　　）自由度。
    A. 2 个移动和 2 个转动　　　　　　B. 3 个移动和 1 个转动
    C. 2 个移动和 1 个转动　　　　　　D. 1 个移动和 2 个转动
19. 对工件的（　　）有较大影响的是车刀的副偏角。
    A. 表面粗度　　　B. 尺寸精度　　　C. 形状精度　　　D. 形状
20. 如在同一个程序段中指定了多个属于同一组的 G 代码，只有（　　）那个 G 代码有效。
    A. 最前面　　　　B. 中间　　　　　C. 最后面　　　　D. 左面

21. 在 FANUC 系统中，M98 是（　　）指令。
    A. 主轴低速范围　　　　　　　　B. 调用子程序
    C. 主轴高速范围　　　　　　　　D. 子程序结束
22. 车细长轴时，可用中心架和眼刀架来增加工件的（　　）。
    A. 硬度　　　　B. 韧性　　　　C. 长度　　　　D. 刚性
23. 用程序段"NO045 G32 U-36 F4"车削双线螺纹，使用平移方法加工第二条螺旋线时相对第一条螺旋线，起点的 Z 方向应该平移（　　）。
    A. 4 mm　　　　B. -4 mm　　　　C. 2 mm　　　　D. -2 mm
24. 能进行螺纹加工的数控车床一定安装了（　　）。
    A. 测速发电动机　　　　　　　　B. 主轴脉冲编码器
    C. 温度检测器　　　　　　　　　D. 旋转变压器
25. 刀尖半径补偿在（　　）固定循环指令中执行。
    A. G71　　　　B. G72　　　　C. G73　　　　D. G70

二、判断题（对的画"√"，错的画"×"）

（　　）1. #i＝ABS［#j］是绝对值函数运算式。
（　　）2. 宏程序的用法与子程序相同。
（　　）3. #i＝TAN［#j］是余切函数运算式。
（　　）4. #i＝SQRT［#j］是正弦函数运算式。
（　　）5. IF［条件表达式］GOTOn 是宏程序控制指令的条件转移。
（　　）6. 进行轮廓粗车的操作时，要确定被加工轮廓和待加工轮廓。
（　　）7. 被加工轮廓和毛坯轮廓不能单独闭合或自相交。
（　　）8. 恒线速度是切削过程中按指定的线速度值保持线速度恒定。
（　　）9. M09 是冷却液开。
（　　）10. 机床坐标系是指以机床原点为坐标系原点建立起来的 X、Z 轴直角坐标系。
（　　）11. 同一工件，无论用数控机床加工还是用普通机床加工，其工序都一样。
（　　）12. 粗加工时，限制进给量的主要因素是切削力。精加工时，限制进给量的主要因素是表面粗糙度。
（　　）13. 用一夹一顶或两顶尖装夹轴类零件时，如果后顶尖轴线与主轴轴线不重合，工件会产生圆度误差。
（　　）14. 从制造角度讲，基孔制的特点就是先加工孔，基轴制的特点就是先加工轴。
（　　）15. Ra 数值越大，零件表面就越光洁。

拓展任务工单1

1. 完成图 5.35 所示的含抛物线及凹椭圆线的复杂零件编程与车削加工，材料 45 钢，生产规模为单件。

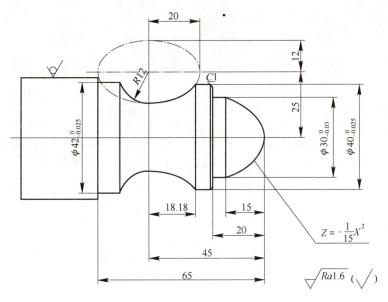

图 5.35 抛物线及凹椭圆线零件

2. 资讯

_____
_____
_____

3. 计划

_____
_____
_____

4. 决策

1）工艺过程卡。

表 5.16 加工工艺过程卡

学院		机械加工工艺过程卡片		产品型号		零件图号	
				产品名称		零件名称	
材料牌号	45 钢	毛坯种类	棒料	毛坯外形尺寸		备注	
工序号	工序名称	工序内容		车间	设备	工艺装备	工时
编制		审核		批准		共　页	第　页

2) 工序卡。

表 5.17 加工工序卡

学院		数控加工工序卡片		产品名称或代号	零件名称	材料	零件图号
						45 钢	
工序号	程序编号	夹具名称	夹具编号	使用设备		车间	
工步号	程序号	工步内容	刀具号	刀具	主轴转速 /(r·min^{-1})	进给速度 /(mm·min^{-1})	背吃刀量 /mm	量具

5. 实施

1) 实施步骤。

_____
_____
_____
_____
_____
_____
_____
_____

2) 实施过程记录。

_____
_____
_____
_____
_____
_____

6. 检测与评价

按表 5.18 内容进行检测。单项最终得分为教师检测得分减去结果一致性扣分。当学生的自检结果与教师的检查结果不一致时，尺寸每超差 0.01 扣 1 分，粗糙度值每相差一级扣 1 分，每项扣分不超过 2 分。

表 5.18 任务评价表

零件编号：		学生姓名：		总得分				
序号	模块内容及要求	配分	评分标准	学生自检结果	教师检测		结果一致性扣分	单项最终得分
					结果	得分		
1	$\phi 42_{-0.025}^{0}/Ra1.6$	13/4	超 0.01 扣 2 分/ Ra 大一级扣 2 分					
2	$\phi 40_{-0.025}^{0}/Ra1.6$	13/4						
3	$\phi 30_{-0.033}^{0}/Ra1.6$	13/4						
4	抛物线 $Z=X^2/15/Ra1.6$	14/4	不合格不得分/ Ra 大一级扣 2 分					
5	65、45、20、15	3×4	不合格不得分					
6	$R12$、$C1$	2×2						
7	5S 管理及纪律 1. 安全文明生产 （1）无违章操作情况 （2）无撞刀及其他事故 2. 机床维护与保养 3. 纪律与态度	15	违章操作、撞刀、出现事故、不按要求维护和保养机床扣 5~10 分/次；违反纪律、学习不积极、没有团队协作精神的扣 2 分/次					

7. 评估与总结

从以下几方面进行总结与反思。

1）对工件尺寸精度和表面质量进行评价，找出尺寸超差或表面质量缺陷的原因，提出改进方法。

2）对工艺合理性、加工效率、刀具寿命等方面进行评价，进一步优化切削参数。

3）对整个加工过程中出现的违反 5S 管理、安全文明生产等操作进行反思。

自我评估与总结。

___

拓展任务工单2

1. 完成图 5.36 所示零件的编程与车削加工，材料 45 钢，生产规模为单件。

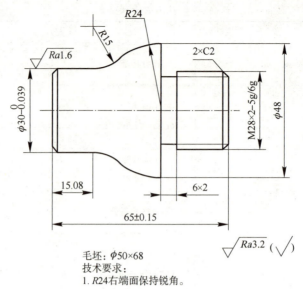

毛坯：$\phi50\times68$
技术要求：
1. $R24$ 右端面保持锐角。

图 5.36　自动编程练习件

2. 资讯

_____

_____

_____

3. 计划

_____

_____

_____

4. 决策

1）工艺过程卡。

表 5.19　加工工艺过程卡

学院		机械加工工艺过程卡片		产品型号		零件图号	
				产品名称		零件名称	
材料牌号	45钢	毛坯种类	棒料	毛坯外形尺寸		备注	
工序号	工序名称	工序内容	车间	设备		工艺装备	工时
编制		审核		批准		共　页	第　页

2）工序卡。

表 5.20 加工工序卡

学院		数控加工工序卡片		产品名称或代号	零件名称	材料	零件图号
工序号	程序编号	夹具名称	夹具编号	使用设备		车间	
工步号	程序号	工步内容	刀具号	刀具	主轴转速 /(r·min^{-1})	进给速度 /(mm·min^{-1})	背吃刀量 /mm	量具

5. 实施

1）实施步骤。

2）实施过程记录。

6. 检测与评价

按表 5.21 内容进行检测。单项最终得分为教师检测得分减去结果一致性扣分。当学生的自检结果与教师的检查结果不一致时，尺寸每超差 0.01 扣 1 分，粗糙度值每相差一级扣 1 分，每项扣分不超过 2 分。

表 5.21　任务评价表

零件编号：		学生姓名：		总得分				
序号	模块内容及要求	配分	评分标准	学生自检结果	教师检测		结果一致性扣分	单项最终得分
					结果	得分		
1	$\phi 30_{-0.039}^{0}/Ra1.6$	20/5	超 0.01 扣 2 分 Ra 大一级扣 2 分					
2	$\phi48/Ra3.2$	10/3	不合格不得分 Ra 大一级扣 2 分					
3	65±0.15	12	超 0.01 扣 2 分					
4	M28×2-5g/6g $Ra3.2$	12/3	不合格不得分 Ra 大一级扣 2 分					
5	R15/R24/25/C1 两处	4×5	不合格不得分					
6	6×2	5						
7	5S 管理及纪律 1. 安全文明生产 （1）无违章操作情况 （2）无撞刀及其他事故 2. 机床维护与保养 3. 纪律与态度	10	违章操作、撞刀、出现事故、不按要求维护和保养机床扣 5~10 分/次；违反纪律、学习不积极、没有团队协作精神的扣 2 分/次					

7. 评估与总结

从以下几方面进行总结与反思。

1）对工件尺寸精度和表面质量进行评价，找出尺寸超差或表面质量缺陷的原因，提出改进方法。

2）对工艺合理性、加工效率、刀具寿命等操作进行评价，进一步优化切削参数。

3）对整个加工过程中出现的违反 5S 管理、安全文明生产等操作进行反思。

自我评估与总结。

_____
_____
_____
_____
_____
_____
_____

拓展任务工单3

1. 试完成图 5.37 所示竞赛组合件的编程与加工，材料 45 钢，毛坯为 $\phi50×120$ mm。

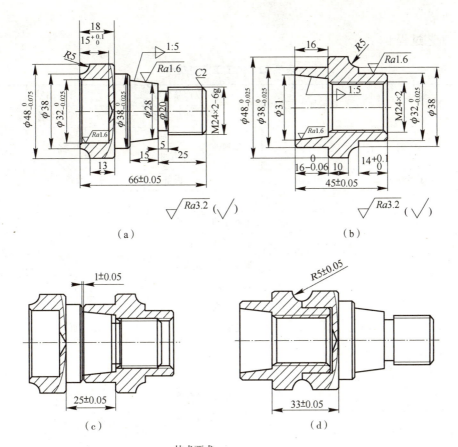

技术要求

1. 组合图一检验螺纹配合。
2. 组合图二检验外圆 $\phi 34$ 与孔 $\phi 34$ 的配合。
3. 未注倒角$C1$，粗超度$Ra3.2$。
4. 未注公差IT13级。

材料：45号钢
毛坯：$\phi 50 \times 120$
工时：210分钟

图 5.37 组合件
(a) 件1；(b) 件2；(c) 组合图1；(d) 组合图2

2. 资讯

3. 计划

项目 5　复杂零部件加工与自动编程

4. 决策

1)工艺过程卡。

表 5.22 加工工艺过程卡

学院		机械加工工艺过程卡片		产品型号		零件图号	
				产品名称		零件名称	
材料牌号	45 钢	毛坯种类	棒料	毛坯外形尺寸		备注	
工序号	工序名称		工序内容	车间	设备	工艺装备	工时
10				下料车间	锯床		
20				数控车削	数控车床		
30				数控车削	数控车床		
40				数控车削	数控车床		
50				数控车削	数控车床		
编制		审核		批准		共 页	第 页

2)工序卡。

表 5.23 加工工序卡

学院		数控加工工序卡片		产品名称或代号	零件名称	材料	零件图号
						45 钢	
工序号	程序编号	夹具名称	夹具编号	使用设备		车间	
工步号	程序号	工步内容	刀具号	刀具	主轴转速 /(r·min^{-1})	进给速度 /(mm·min^{-1})	背吃刀量 /mm	量具

5. 实施

1)实施步骤。

2）实施过程记录。

6. 检测与评价

按表 5.24 内容进行检测。单项最终得分为教师检测得分减去结果一致性扣分。当学生的自检结果与教师的检查结果不一致时，尺寸每超差 0.01 扣 1 分，粗糙度值每相差一级扣 1 分，每项扣分不超过 2 分。

表 5.24 任务评价表

零件编号：			学生姓名：		总得分：				
模块	序号	模块内容及要求	配分	评分标准	学生自检结果	教师检测		结果一致性扣分	单项最终得分
						结果	得分		
件1	1	$\phi48_{-0.025}^{0}/Ra3.2$	3/1	超 0.01 扣 2 分/Ra 大一级扣 1 分					
	2	$\phi38_{-0.025}^{0}/Ra3.2$	3/1						
	3	$\phi32_{0}^{+0.025}/Ra1.6$	3/1						
	4	$\phi20/Ra3.2$	2/1						
	5	66 ± 0.05	2						
	6	$15_{0}^{+0.1}$	1						
	7	外圆锥 1：5/$Ra1.6$	2/1						
	8	M24×2 螺纹中径	4	不合格不得分					
	9	牙型两侧/$Ra3.2$	1/1						
	10	R5、C2	1、1						
	11	25，15，5，18，13	1×5						
件2	1	$\phi48_{-0.025}^{0}/Ra3.2$	2/1	超 0.01 扣 2 分/Ra 大一级扣 1 分					
	2	$\phi38_{-0.025}^{0}/Ra3.2$	3/1						
	3	$\phi32_{-0.025}^{0}/Ra1.6$	3/1						
	4	$\phi32_{0}^{+0.021}/Ra1.6$	3/1						
	5	$\phi25_{0}^{+0.021}/Ra1.6$	3/1						
	6	$16_{-0.06}^{0}$、$14_{0}^{+0.1}$、66 ± 0.05	1×3						
	7	内圆锥 1：5/$Ra1.6$	3/1						
	8	外圆锥 1：5/$Ra1.6$	3/1						
	9	M24×2 螺纹中径	4	不合格不得分					
	10	牙型两侧/$Ra3.2$	1/1						
	11	R5	1						
	12	10，16	1×2						

续表

模块	序号	模块内容及要求	配分	评分标准	学生自检结果	教师检测		结果一致性扣分	单项最终得分
						结果	得分		
其它	1	25±0.05/33±0.05	3/3	不合格不得分					
	2	圆锥配合≥65%	3						
	3	螺纹配合	3						
	4	5S 管理及纪律 1. 安全文明生产 （1）无违章操作情况 （2）无撞刀及其他事故 2. 机床维护与环保 3. 纪律与态度	15	违章操作、撞刀、出现事故、不按要求维护和保养机床扣 5~10 分/次；违反纪律、学习不积极、没有团队协作精神的扣 2 分/次					

7. 评估与总结

从以下几方面进行总结与反思。

1）对工件尺寸精度和表面质量进行评价，找出尺寸超差或表面质量缺陷的原因，提出改进方法。

2）对工艺合理性、加工效率、刀具寿命等方面进行评价，进一步优化切削参数。

3）对整个加工过程中出现的违反 5S 管理、安全文明生产等操作进行反思。

自我评估与总结。

_____

_____

_____

案例 5　大国工匠（四）（续）

项目6 车工中、高级操作技能训练

本项目教学内容是根据 2019 年新制定的《车工国家职业技能标准》进行设计的,《车工国家职业技能标准》中的工作内容可选择普通车床或数控车床来完成,详见附录Ⅲ。本项目的中、高级操作技能训练采用数控车床进行。

【知识目标】

1. 熟练掌握车工中级职业技能考证相关工艺理论知识。
2. 掌握数控车工高级职业技能考证相关工艺理论知识。

【能力目标】

1. 能分析和制定车工中、高级职业技能考证模拟件的加工工艺方案。
2. 能根据车工中、高级职业技能考证模拟件的加工要求,准备刀具、量具、工具、夹具并正确使用。
3. 能独立编写车工中、高级职业技能考证模拟件的加工程序。
4. 能独立操作机床,按图样要求完成零件加工,并分析零件质量。

【素养目标】

1. 养成严格执行与职业活动相关的、保证工作安全和防止意外的规章制度的素养。
2. 养成吃苦耐劳、爱岗敬业、攻坚克难的工匠品质。

【学习导航】

项目6 车工中、高级操作技能训练
- 任务6.1 中级技能模拟件数控车削
- 任务6.2 高级技能模拟件数控车削
- 职业技能鉴定理论测试
- 拓展任务（资讯、计划、诀策、实施、检测及评价）

任务 6.1 中级技能模拟件数控车削

任务描述与分析

应用数控车床完成如图 6.1 所示中级技能模拟件的加工，材料 45 钢，生产规模为单件，毛坯为 $\phi40\times105$ 棒料，无热处理要求。根据图样，零件由外轮廓、普通外螺纹及内孔组成，$\phi38.5$、$\phi35$、$\phi32$ 的尺寸精度及加工表面质量要求较高。

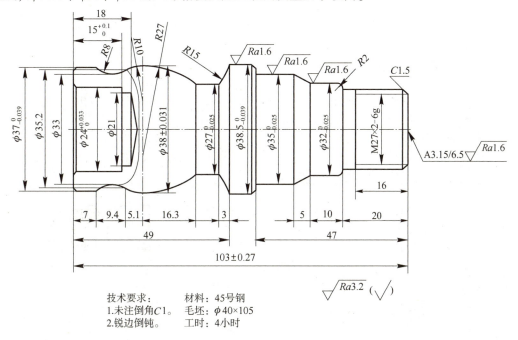

技术要求：　　材料：45号钢
1. 未注倒角C1。　毛坯：$\phi40\times105$
2. 锐边倒钝。　　工时：4小时

图 6.1 中级技能模拟件

计划

> **小贴士**：敬业是工匠精神的动力。秉持吃苦耐劳、爱岗敬业的工匠精神，才能尽职尽责地完成复杂的工作任务。

1. 设备选用

零件尺寸较小，可选择 CAK4085dj 等型号的数控车床。

2. 确定安装方式

采用三爪卡盘安装，在第一次装夹车平端面，钻中心孔，打中心孔；第二次装夹车削左端长度 49 内的各外圆、内孔以及 $\phi38.5$ 外圆；第三次采用一顶一夹的安装方法完成右端车削。

3. 确定工件加工步骤

加工步骤如表 6.1 所示。

表 6.1 中级技能模拟件加工步骤

序号	加工内容	工序简图
一	1. 卡盘夹持毛坯外圆，工件伸长约 10 mm，找正夹紧，车平端面钻中心孔	
二	1. 工件调头装夹毛坯外圆，工件伸长约 65 mm，找正夹紧，车平端面取总长 103 mm，钻孔 $\phi21\times18$ 2. 粗车内轮廓尺寸，留精车余量 1 mm 3. 用圆弧尖刀粗精车件 2 外轮廓 $\phi37$、$R8$、$R10$、$R27$、$\phi27$、$R15$、$\phi38.5$ 至尺寸要求 4. 精车内轮廓至尺寸要求 5. 卸下工件	
三	1. 一夹一顶装夹工件。卡盘夹持 $\phi37$ 外圆垫铜皮，粗精车右端外轮廓至尺寸要求 2. 车螺纹 M24×2-6g 至尺寸要求	

4. 选择刀具、量具、工具

具体选择如表 6.2 所示。

表 6.2 中级技能模拟件加工工具、刀具、量具及材料清单

类别	名称	规格	单位	数量	备注
材料	45 钢	$\phi40\times105$ mm	件	1	
量具	游标卡尺	0~150 mm	把	1	
	外径千分尺	0~25 mm	把	1	
	外径千分尺	25~50 mm	把	1	
	内径量表	18~35 mm	把	1	
	钢直尺	300 mm	把	1	
	三角螺纹环规	M27×2-6g	套	1	
	R 规	1-7、7.5-15、15.5-25	把	各 1	
工具	呆板手	27~31	把	1	
	活动顶尖	莫氏 4 号	个	1	
	钻夹头	莫氏 4 号	个	1	
	变径套	莫氏 3、4 号		各 1	

续表

类别	名称	规格	单位	数量	备注
材料	45钢	φ40×105 mm	件	1	
刀具	中心钻	A3.15		1	
	麻花钻	φ21 mm	把	1	
	硬质合金车刀	45°	把	1	
	硬质合金车刀	90°	把	1	
	硬质合金尖刀	副偏角55°	把	1	车凹圆弧用
	合金螺纹车刀	60°	把	1	
	硬质合金车刀	镗孔	把	1	

5. 切削用量的选择

1) 粗车切削用量的选择。

背吃刀量取 $a_p \leqslant 2$ mm。切削外圆、端面时，$f = 100 \sim 150$ mm/min；切削内孔时刀具刚性差，$f = 80 \sim 100$ mm/min。主轴转速 s：切削外圆、端面时，$s = 500 \sim 600$ r/min，切削内孔时，s 取 $300 \sim 450$ r/min。

2) 精车切削用量选择。

背吃刀量 $a_p \leqslant 0.25$ mm；进给量 f 取 $30 \sim 50$ mm/min；切削外圆时，主轴转速 s 取 $800 \sim 1\,000$ r/min，切削内孔时，s 取 $300 \sim 450$ r/min；车削螺纹时，主轴转速 s 取 $400 \sim 700$ r/min。

决策

1. 工艺过程卡编制

表6.3 中级技能模拟件加工工艺过程卡

学院		机械加工工艺过程卡片		产品型号		零件图号	
				产品名称		零件名称	
材料牌号	45钢	毛坯种类	棒料	毛坯外形尺寸		备注	
工序号	工序名称	工序内容	车间	设备	工艺装备		工时
10	下料	锯割下料	下料	锯床	液压平口钳、游标卡尺		
20	平端面、打中心孔	平端面、打中心孔	数控车削	数控车床	钻夹头、中心钻		
30	车削左端内、外圆台阶	车削各内、外圆台阶至尺寸	数控车削	数控车床	三爪卡盘、游标卡尺、外径千分尺		
40	车削右端外圆、螺纹	车削外圆、螺纹至尺寸	数控车削	数控车床	三爪卡盘、游标卡尺、外径千分尺、螺纹环规		
编制		审核		批准		共 页	第 页

2. 工序卡编制。

表6.4 中级技能模拟件加工工序卡（20工序）

学院		数控加工工序卡片		产品名称或代号	零件名称	材料	零件图号
						45钢	
工序号	程序编号	夹具名称	夹具编号	使用设备		车间	
20	O3131	三爪卡盘		数控车床 FANUC 0i-TD 系统		数控车削车间	
工步号	程序号	工步内容	刀具号	刀具	主轴转速 /(r·min^{-1})	进给速度 /(mm·min^{-1})	背吃刀量 /mm	量具
1		卡盘夹持毛坯外圆，工件伸长约10mm，找正夹紧，车平端面	1	外圆车刀	800		1	钢直尺
2		钻中心孔		中心钻	1 000			

表6.5 中级技能模拟件加工工序卡（30工序）

学院		数控加工工序卡片		产品名称或代号	零件名称	材料	零件图号
						45钢	
工序号	程序编号	夹具名称	夹具编号	使用设备		车间	
30	O3131	三爪卡盘		数控车床 FANUC 0i-TD 系统		数控车削车间	
工步号	程序号	工步内容	刀具号	刀具	主轴转速 /(r·min^{-1})	进给量 /(mm·r^{-1})	背吃刀量 /mm	量具
1		工件调头装夹毛坯外圆，工件伸长约65mm，找正夹紧，车平端面取总长	1	外圆车刀	800			游标卡尺
2		钻孔 $\phi21\times18$		钻头	450			游标卡尺
3		粗车内轮廓	3	内孔车刀	400	90	1	游标卡尺
4	O3131	粗车外轮廓	1	外圆车刀	600	100	1	游标卡尺
5		精车外轮廓	2	外圆车刀	700	50	0.25	外径千分尺
6		精车内轮廓	3	内孔车刀	500	30	0.15	内径量表

表6.6 中级技能模拟件加工工序卡（40工序）

学院		数控加工工序卡片		产品名称或代号	零件名称	材料	零件图号
						45钢	
工序号	程序编号	夹具名称	夹具编号	使用设备		车间	
40	O3132	三爪卡盘		数控车床 FANUC 0i-TD 系统		数控车削车间	
工步号	程序号	工步内容	刀具号	刀具	主轴转速 /(r·min^{-1})	进给速度 /(mm·min^{-1})	背吃刀量 /mm	量具
1		一夹一顶装夹工件。卡盘夹持$\phi37$外圆垫铜皮，校正夹紧						
2	O3132	粗车外轮廓	1	外圆车刀	600	150	1.5	游标卡尺
3		精车外轮廓	2	外圆车刀	800	50	0.25	外径千分尺
4		车螺纹	3	螺纹车刀	500			游标卡尺 螺纹环规

实施

> **小贴士**：生命至上，安全第一。安全生产，重在预防。请按规章制度要求开展中级技能模拟件加工的各项操作。

1. 实施步骤

1）加工程序编制并录入。

由 FANUC-TD/GSK980TD 系统编写的参考加工程序，如表 6.7 所示。

表 6.7 中级技能模拟件参考程序

加工程序	说明
车削左端 T0101——硬质合金外圆弧粗车尖刀，用于粗车各外圆 T0202——硬质合金外圆弧精车尖刀，用于精车各外圆 T0303——90°硬质合金内孔车刀，用于粗精车内孔	
程序原点设置在左端中心处 O3131 N5 G98 N10 G00 X100 Z100 N20 M03 S400 T0303 N30 X21 Z2 N40 G71 U1 R1 N50 G71 P60 Q110 U-0.3 W0 F90 N60 G00 X26 N70 G01 Z0 F30 N80 X24 Z-1 N90 Z-15 N100 X22 N110 X21 W-0.5 N130 G00 X100 Z100 N140 M03 S600 T0101 N150 X40 Z2 N160 G73 U6.5 W0 R7 N170 G73 P180 Q260 U0.5 W0 F100 N180 G0 X35 N190 G01 Z0 F50 N192 X37 Z-1 N194 Z-7 N200 G02 X35.2 W-9.4 R8 N210 G03 X38 W-5.1 R10 N212G03 X27 W-16.3 R27 N220G01 Z-46 N230 G02 X38.5 W-3 R15 N240 G01 W-8 N260X40 N270 G00 X100 Z100 N280 M03 S700 T0202	程序名 指定进给单位为 mm/min 刀具快速定位至安全换刀点 主轴正转，换 3 号刀，执行 3 号刀补 刀具快速定位至 G71 循环起点 G71 切削循环粗车内轮廓 内孔精加工描述（N60~N110） 刀具快速定位至安全换刀点 主轴正转，换 1 号刀，执行 1 号刀补 刀具快速定位至 G73 循环起点 G73 切削循环粗车外轮廓 外轮廓精加工描述（N180~N260） 刀具快速定位至安全换刀点 主轴正转，换 2 号刀，执行 2 号刀补 刀具快速定位至 G73 循环起点

续表

加工程序	说明
N290 X40 Z2 N300 G70 P180 Q260 N310 G0 X100 Z100 N320 M03 S500 T0303 N330 X21 Z2 N340 G70 P60 Q110 N350 G0 X100 Z100 N360 M30	外轮廓精加工 刀具快速定位至安全换刀点 主轴正转，换3号刀，执行3号刀补 刀具快速定位至内孔G71循环起点 内孔精加工 刀具快速定位至安全换刀点 程序结束
车削右端 T0101——硬质合金外圆弧粗车尖刀，用于粗车各外圆 T0202——硬质合金外圆弧精车尖刀，用于精车各外圆 T0303——60°硬质合金涂层机夹螺纹车刀，用于车螺纹	
程序原点设置在右端中心处 O3132 N5 G98 N10 G00 X180 Z2 N20 M03 S600 T0101 N30 X40 Z2 N40 G71 U1.5 R1 N50 G71 P60 Q160 U0.5 W0 F150 N60 G0 X24 N70 G01 Z0 F50 N80 X27 Z-1.5 N90 Z-20 N100 X28 N110 G03 X32 W-2 R2 N120 G01 Z-30 N130 X35 W-5 N140 Z-47 N150 X36.5 N160 X39.5 W-1.5 N170 G00 X180 Z2 N180 M03 S800 T0202 N190 X40 Z2 N200 G70 P60 Q160 N210 G0 X180 Z2 N220 M03 S700 T0303 N230 X30 Z4 N240 G92 X26 Z-27 F2 N250 X25.4 N260 X25 N270 X24.8 N280 X24.6 N290 G0 X180 Z2 N300 M30	程序名 指定进给单位为mm/min 刀具快速定位至安全换刀点 主轴正转，换1号刀，执行1号刀补 刀具快速定位至G71循环起点 G71切削循环粗车右端外轮廓 精加工轮廓描述（N60～N190） 刀具快速定位至安全换刀点 主轴正转，换2号刀，执行2号刀补 刀具快速定位至G70循环起点 G70调用N60～N190程序段进行精车 刀具快速定位至安全换刀点 主轴正转，换3号刀，执行3号刀补 刀具快速定位至螺纹切削循环起点 螺纹切削第一次进给 螺纹切削第二次进给 螺纹切削第三次进给 螺纹切削第四次进给 螺纹切削第五次进给 刀具快速定位至安全换刀点 程序结束

2）程序录入后试运行，检查刀路路径正确。

3）进行工、量、刀、夹具的准备。

4）工件安装。

5）装刀及对刀。

6）实施切削加工。

作为单件加工或批量加工的首件，为了避免尺寸超差引起报废，对刀后留 x 向的刀补余量 0.5 mm（加工内孔时为负值）再加工。精车后，检测尺寸再修改刀补，跳段至精车开始段执行自动加工。

2. 实施过程记录

检测与评价

按表 6.8 任务评价表内容进行检测。单项最终得分为教师检测得分减去结果一致性扣分。当学生的自检结果与教师的检查结果不一致时，尺寸每超差 0.01 扣 1 分，粗糙度值每相差一级扣 1 分，每项扣分不超过 2 分。

表 6.8 中级技能模拟件任务评价表

零件编号：			学生姓名：		总得分				
序号	模块内容及要求		配分	评分标准	学生自检结果	教师检测		结果一致性扣分	单项最终得分
						结果	得分		
1	外圆	$\phi 38.5_{-0.039}^{0}$ $Ra1.6$	5/2	每超差 0.01 扣 2 分；Ra 每大一级扣 1 分					
2		$\phi 37_{-0.039}^{0}$ $Ra3.2$	5/1						
3		$\phi 35_{-0.025}^{0}$ $Ra1.6$	6/2						
4		$\phi 32_{-0.025}^{0}$ $Ra1.6$	6/2						
5		$\phi 27_{-0.052}^{0}$ $Ra3.2$	3/1						
6		$\phi 35.2$ $\phi 33$	1/1						
7	三角螺纹	大径 牙型 两牙侧 $Ra3.2$	2/1/1/1	不合格不给分					
8		螺纹环规检验	6						
9	圆弧	$R27$ $R8$ $R10/R15$ $R2$	3×3/2×1						
10		圆弧 $Ra3.2$（5 处）	5×0.5						
11		$\phi 38_{-0.031}^{+0.031}$ $Ra3.2$	5/1	每超差 0.01 扣 2 分					
12		圆弧光滑连接	2	不合格不给分					

续表

零件编号：			学生姓名：		总得分				
序号	模块内容及要求		配分	评分标准	学生自检结果	教师检测		结果一致性扣分	单项最终得分
						结果	得分		
13	内孔	$\phi24^{+0.033}_{0}$ Ra3.2	6/1	每超差0.01扣2分					
14		$15^{+0.1}_{0}$ 18	2/1	不合格不给分					
15	长度	8处	8×1						
16		103±0.27	2.5						
17		倒角4处	4×0.5						
18	其它	中心孔 A3.15/6.7	1/1						
19		按零件图纸完成全部内外轮廓加工	8	不完成或不符合图纸形状不给分					
说明： 1. 违反安全文明生产的操作，酌情扣分3~10分/次。 2. 撞刀或撞车床一律取消考试资格。									

评估与总结

从以下几方面进行总结与反思。

1）对工件尺寸精度和表面质量进行评价，找出尺寸超差或表面质量缺陷的原因，提出改进方法。

2）对工艺合理性、加工效率、刀具寿命等方面进行评价，进一步优化切削参数。

3）对整个加工过程中出现的违反5S管理、安全文明生产等操作进行反思。

自我评估与总结。

任务 6.2 高级技能模拟件数控车削

任务描述与分析

应用数控车床自动编程知识完成如图 6.2 所示零件的加工，材料 45 钢，生产规模为单件。毛坯为 $\phi50\times170$ 棒料，无热处理要求。分析图样，零件由外轮廓、普通外螺纹、退刀槽、V 型槽、椭圆及内孔等组成，$\phi42$、$\phi48$、$\phi38$ 等多个尺寸精度及加工表面质量要求较高，件 1 和件 2 的装配有要求。

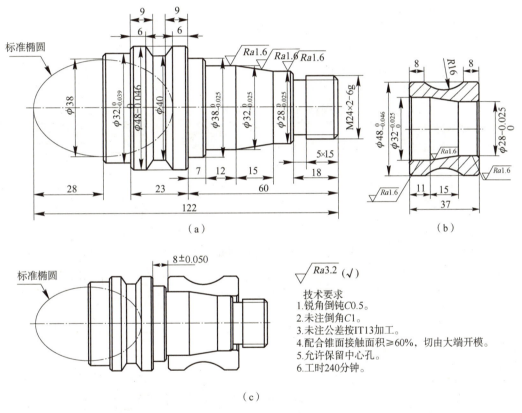

图 6.2 高级技能模拟件
（a）件 1；（b）件 2；（c）组合件

计划

小贴士：工作遇到困难，要永葆积极向上、锐意进取、攻坚克难的心态。请按任务要求完成高级技能模拟件的加工及装配。

1. 设备选用

零件尺寸较小，选择 CAK4085dj 等型号数控车床。

2. 确定安装方式

采取三爪卡盘安装，在第一次装夹中，完成件 2 的加工并切断，件 1 打中心孔；第二次装夹车削件 1 左端的椭圆、φ42、φ48 外圆及 V 型槽；第三次采用一顶一夹的安装方法完成件 1 右端的车削；第四次装夹完成件 2 左端面的内外倒角及控制总长。

3. 确定工件加工步骤

具体步骤如表 6.9 所示。

表 6.9 加工步骤表

序号	加工内容	工序简图
一	加工件 2： 1. 卡盘夹持毛坯外圆，工件伸长约 50 mm，找正夹紧，车平端面，钻孔 φ24×42 2. 粗车内轮廓、粗车外轮廓、精车外轮廓、精车内轮廓，切断取总长 39.5（卸下毛坯） 3. 调头装夹件 2，找正，车外角及右端面取长度 39，倒内角	
二	加工件 1： 1. 装夹毛坯外圆，工件伸长约 70 mm，找正夹紧平端面（保证总长 122.5 mm） 2. 粗精车 φ42、φ48 外圆及椭圆至尺寸要求 3. 卸下工件	
三	加工件 1： 1. 工件调头（卡盘夹持 φ42 外圆垫铜皮夹紧），平端面取总长 122，钻中心孔 2. 用后顶尖支顶精车右端外轮廓至尺寸要求，并控制与件 2 的装配尺寸 3. 车螺纹 M24×2-6g 至尺寸要求 4. 卸下工件	

4. 进行选择刀具、量具、工具

如表 6.10 所示。

表 6.10　高级技能模拟件工具、刀具、量具及材料清单

类别	名称	规格	单位	数量	备注
材料	45 钢	$\phi 50\times 170$ mm	件	1	
量具	游标卡尺	0~150 mm	把	1	
	外径千分尺	25~50 mm	把	1	
	内径量表	18~35 mm	把	1	
	钢直尺	300 mm	把	1	
	三角螺纹环规	M24×2-6g	套	1	
	R 规	1-7、7.5-15、15.5-25	把	各1	
工具	呆板手	27~31	把	1	
	活动顶尖	莫氏 4 号	个	1	
	钻夹头	莫氏 4 号		1	
	变径套	莫氏 3、4 号		各1	
刀具	中心钻	A3.15		1	
	麻花钻	$\phi 24$ mm	把	1	
	外圆车刀	45°	把	1	
	外圆车刀	90°	把	2	
	硬质合金尖刀	副偏角 55°	把	1	车凹圆弧用
	合金螺纹车刀	60°	把	1	
	硬质合金车刀	镗孔	把	1	
	硬质合金切断刀	V 型槽、退刀槽、切断	把	1	刀头宽 3 mm

5. 切削用量的选择

（1）粗车切削用量的选择。

粗车时，背吃刀量取 $a_p \leqslant 2$ mm。切削外圆、端面时，$f=100$~150 mm/min；切削内孔时，刀具刚性差 $f=80$~100 mm/min；切槽（断）时，$f=30$~50 mm/min。主轴转速 s：切削外圆、端面时，$s=500$~600 r/min，切削内孔时，s 取 300~450 r/min；切槽（断）时，$s=200$~300 r/min。

（2）精车切削用量选择。

背吃刀量 $a_p \leqslant 0.25$ mm；进给量 f 取 30~60 mm/min；切削外圆时，主轴转速 s 稍高取 800~1 000 r/min，切削内孔时，s 取 300~500 r/min；车削螺纹时，主轴转速 s 取 400~700 r/min。

决策

1. 工艺过程卡编制

表 6.11　高级技能模拟件加工工艺过程卡

学院		机械加工工艺过程卡片		产品型号		零件图号	
				产品名称			
材料牌号	45 钢	毛坯种类	棒料	毛坯外形尺寸	φ50×170 mm	备注	
零件	工序号	工序名称	工序内容	车间	设备	工艺装备	工时
件2	10	下料	锯割下料	下料	锯床	液压平口钳、游标卡尺	
	20	车削左端、切断	车左端各内、外圆、切断，留总长余量1 mm	数控车削	数控车床	三爪卡盘、游标卡尺、外径千分尺	
	30	车右端面	车右端面，控制总长，倒内外角	数控车削	数控车床	三爪卡盘、游标卡尺	
件1	40	平端面、打中心孔	车平右端面、打中心孔	数控车削	数控车床	三爪卡盘	
	50	车左端	车左端外圆、椭圆、V型槽	数控车削	数控车床	三爪卡盘、游标卡尺、外径千分尺	
	60	车右端	车右端外圆、退刀槽、螺纹	数控车削	数控车床	三爪卡盘、活动顶尖、游标卡尺、外径千分尺、螺纹环规	
编制		审核		批准		共　页	第　页

2. 工序卡编制

表 6.12　高级技能模拟件加工工序卡（20 工序）

学院		数控加工工序卡片		产品名称或代号	零件名称	材料	零件图号
						45 钢	
工序号	程序编号	夹具名称	夹具编号	使用设备		车间	
20	O1001	三爪卡盘		数控车床 FANUC 0i-TD 系统		数控车削车间	
工步号	程序号	工步内容		刀具号	刀具	主轴转速/(r·min⁻¹)	进给速度/(mm·min⁻¹)	背吃刀量/mm	量具
1		1. 加工件2：卡盘夹持毛坯外圆，工件伸长约50 mm，找正夹紧，平端面		1	外圆车刀	800		1	钢直尺
2		钻孔 φ24×42			φ24 麻花钻	400			游标卡尺

<small>注：主轴转速与进给速度列表头中的单位为 /(r·min⁻¹) 与 /(mm·min⁻¹)</small>

续表

工步号	程序号	工步内容	刀具号	刀具	主轴转速 /(r·min⁻¹)	进给速度 /(mm·min⁻¹)	背吃刀量 /mm	量具
3	O1001	粗车内轮廓	3	内孔车刀	400	90	1	游标卡尺
4		粗车外轮廓	1	外圆尖刀	600	100	1	游标卡尺
5		精车外轮廓	2	外圆尖刀	700	50	0.25	外径千分尺
6		精车内轮廓	3	内孔车刀	500	30	0.15	内径量表
7		切断长度39.5	4	切断刀	400	30		

表6.13　高级技能模拟件加工工序卡（50工序）

学院		数控加工工序卡片		产品名称或代号	零件名称	材料	零件图号
						45钢	
工序号	程序编号	夹具名称	夹具编号	使用设备		车间	
40	O1002	三爪卡盘		数控车床 FANUC 0i-TD 系统		数控车削车间	

工步号	程序号	工步内容	刀具号	刀具	主轴转速 /(r·min⁻¹)	进给速度 /(mm·min⁻¹)	背吃刀量 /mm	量具
1		1. 工件调头，装夹毛坯外圆，工件伸长约70 mm，找正夹紧						
		平端面，控制件1的总长	1	外圆车刀	600			游标卡尺
2	O1002	粗车左端外轮廓	1	外圆车刀	600	150	1.5	游标卡尺
3		精车左端外轮廓	2	外圆车刀	800	50	0.25	外径千分尺
4		车V型槽	3	切断刀	500	40		游标卡尺

表6.14　高级技能模拟件加工工序卡（60工序）

学院		数控加工工序卡片		产品名称或代号	零件名称	材料	零件图号
						45钢	
工序号	程序编号	夹具名称	夹具编号	使用设备		车间	
50	O1003	三爪卡盘		数控车床 FANUC 0i-TD 系统		数控车削车间	

工步号	程序号	工步内容	刀具号	刀具	主轴转速 /(r·min⁻¹)	进给速度 /(mm·min⁻¹)	背吃刀量 /mm	量具
1		一夹一顶装夹件2。卡盘夹持φ42外圆垫铜皮						
2		粗车右端外轮廓	1	外圆车刀	600	150	1.5	游标卡尺
3	O1003	精车右端外轮廓，控制件1件2的装配尺寸	2	外圆车刀	800	50	0.25	外径千分尺
4		车退刀槽	3	切断刀	400	40		游标卡尺
5		车螺纹	4	螺纹车刀	500			游标卡尺 螺纹环规

实施

> **小贴士**：敬业是工匠精神的动力。秉持吃苦耐劳、爱岗敬业的工匠精神，才能尽职尽责地完成复杂的工作任务。

1. 实施步骤

1) 应用 CAXA 数控车软件自动编程，设备系统采用 FANUC 0i-TD 系统，以粗车件 1 左端外圆台阶为例，步骤如下。

（1）如图 6.3 所示，以左端面旋转中心做为工件坐标原点，且与绘图屏幕默认的坐标系原点重合。按零件的实际尺寸绘制。

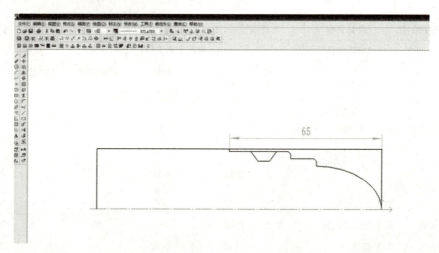

图 6.3　零件尺寸绘图

（2）粗车参数设置，如图 6.4（a）~图 6.4（d）所示。

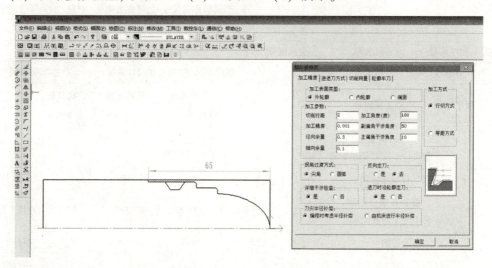

(a)

图 6.4　粗车参数设置

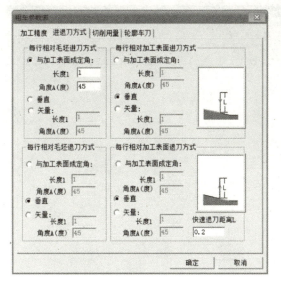
(b)

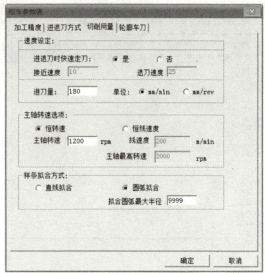
(c)

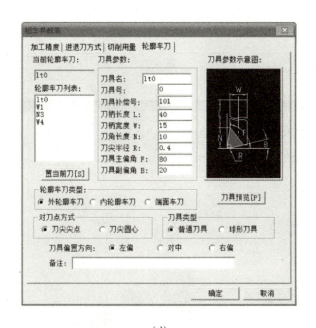
(d)

图 6.4　粗车参数设置（续）

(3) 拾取被加工轮廓和拾取毛坯轮廓，确定进退刀点（100，100），如图 6.5 所示。

(4) 生成粗车刀具轨迹，如图 6.6 所示。

(5) 生成后置代码，如图 6.7 (a) (b) 所示。

(6) 系统接收程序的准备。在编辑模式下，按 PROG，点（操作），按右箭头软键，按 F 输入，按执行。如图 6.8 所示。

(7) 发送程序。点菜单通信，点发送，如图 6.9 所示。完成程序传输，如图 6.10 所示。

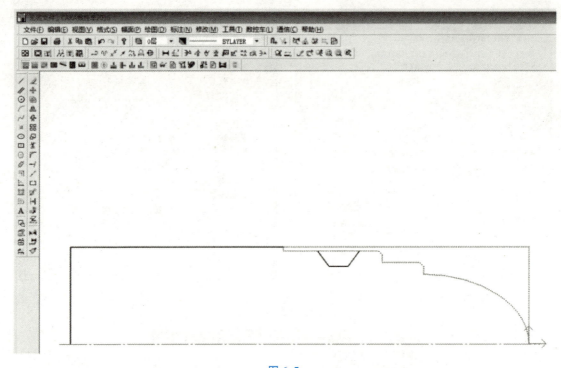

图 6.5

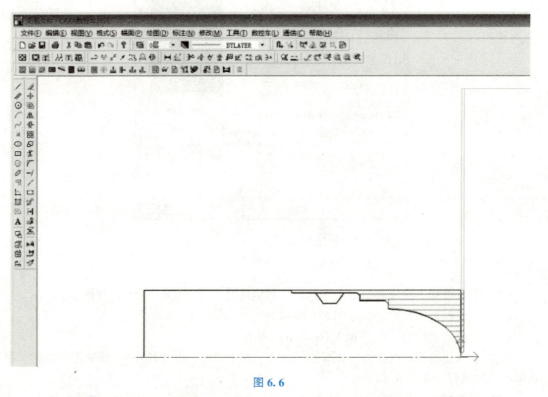

图 6.6

(a)

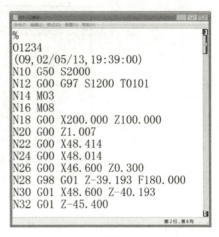
(b)

图 6.7　生成后置代码

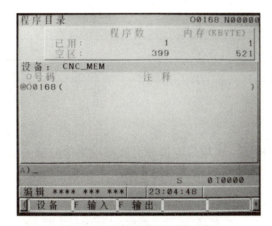

图 6.8　系统接收程序的准备

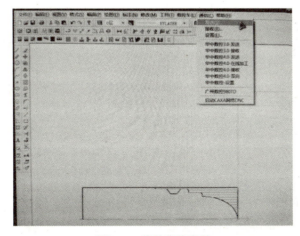

图 6.9　菜单通信发送

图 6.10　程序传输

2）进行工、量、刀、夹具的准备。
3）工件安装。
4）装刀及对刀。
5）实施切削加工。

2. 实施过程记录

___

___

___

检测与评价

按表 6.15 内容进行检测。单项最终得分为教师检测得分减去结果一致性扣分。当学生的自检结果与教师的检查结果不一致时，尺寸每超差 0.01 扣 1 分，粗糙度值每相差一级扣 1 分，每项扣分不超过 2 分。

表 6.15　高级技能模拟件任务评价表

零件编号：			学生姓名：		总得分：				
模块	序号	模块内容及要求	配分	评分标准	学生自检结果	教师检测		结果一致性扣分	单项最终得分
						结果	得分		
件一	1	$\phi 42_{-0.039}^{0}$　$Ra3.2$	4/1	每超差 0.01 扣 2 分；Ra 每大一级扣 1 分					
	2	$\phi 48_{-0.046}^{0}$　$Ra3.2$	4/1						
	3	$\phi 38_{-0.025}^{0}$　$Ra3.2$	5/1						
	4	$\phi 32_{-0.025}^{0}$　$Ra1.6$	5/2						
	5	$\phi 28_{-0.025}^{0}$　$Ra1.6$	5/2						
	6	$\phi 40$　$Ra3.2$	2/1	不合格不得分					
	7	$\phi 38$　$Ra3.2$	2/1						
	8	螺纹小径/牙型/两牙侧 $Ra3.2$	2/1/1/1						
	9	M24×2-6g 螺纹环规检测	7						

续表

模块	序号	模块内容及要求	配分	评分标准	学生自检结果	教师检测结果	教师检测得分	结果一致性扣分	单项最终得分
零件编号：			学生姓名：		总得分：				
件一	10	圆锥 $Ra1.6$	2/2	不合格不给分					
	11	退刀槽 $5×1.5$	1/1						
	12	V型槽 2-6、2-9	4×0.5						
	13	长度8处	8×0.5						
	14	倒角6处、毛刺1处	7×0.5						
件二	15	$\phi 48_{-0.046}^{0}$ $Ra3.2$	4/1	每超差0.01扣2分；Ra每大一级扣1分					
	16	$\phi 32_{0}^{+0.025}$ $Ra1.6$	5/2						
	17	$\phi 28_{0}^{+0.025}$ $Ra1.6$	5/2						
	18	圆锥 $Ra1.6$	1/2	Ra每大一级扣1分					
	19	长度5处	5×0.5	不合格不得分					
	20	圆弧$R16$光滑连接	3						
	21	倒角4处	4×0.5						
其他	22	组合间隙 $8±0.05$	7	每超差0.01扣2分					
	23	安全操作规程	0	反扣总分5分/次					

评估与总结

从以下几方面进行总结与反思。

1) 对工件尺寸精度和表面质量进行评价，找出尺寸超差或表面质量缺陷的原因，提出改进方法。

2) 对工艺合理性、加工效率、刀具寿命等方面进行评价，进一步优化切削参数。

3) 对整个加工过程中出现的违反5S管理、安全文明生产等操作行为进行反思。

自我评估与总结。

_____

_____

_____

_____

_____

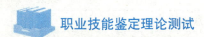
职业技能鉴定理论测试

一、单项选择题（请将正确选项的代号填入题内的括号中）
1. 下列不符合着装整洁文明生产要求的是（　　）。
   A. 按规定穿戴好防护用品　　　　B. 遵守安全技术操作规程
   C. 优化工作环境　　　　　　　　D. 在工作作过程中吸烟
2. 在切削过程中，工件与刀具的相对运动按其所起的作用可分为（　　）。
   A. 主运动和进给运动　　　　　　B. 主运动和辅助运动
   C. 辅助运动和进给运动　　　　　D. 主轴转动和刀具移动
3. 机械加工选择刀具时，一般应优先采用（　　）。
   A. 标准刀具　　B. 专用刀具　　C. 复合刀具　　D. 选项 A、B 或 C
4. 职业道德的内容包括（　　）。
   A. 从业者的工作计划　　　　　　B. 职业道德行为规范
   C. 从业者享有的权利　　　　　　D. 从业者的工资收入
5. 国家标准的代号为（　　）。
   A. JB　　　　　B. QB　　　　　C. TB　　　　　D. GB
6. 下列关于创新的论述中，正确的是（　　）。
   1. 创新与继承根本对立　　　　　B. 创新就是独立自主
   C. 创新是民族进步的灵魂　　　　D. 创新不需要引进国外新技术
7. 刀具半径补偿功能为模态指令，数控系统初始状态是（　　）。
   A. G41　　　　B. G42　　　　C. G40　　　　D. 由操作者指定
8. G 代码表中 00 组的 G 代码属于（　　）。
   A. 非模态指令　　B. 模态指令　　C. 增量指令　　D. 绝对指令
9. 有关程序结构，下面叙述中正确的是（　　）。
   A. 程序由程序号、指令和地址符组成
   B. 地址符由指令字和字母数字组成
   C. 程序段由顺序号，指令和 EOB 组成
   D. 指令由地址符和 EOB 组成
10. 下列各项中，指令表示撤销刀具偏置补偿的是（　　）。
    A. T02D0　　　B. T0211　　　C. T0200　　　D. T0002
11. 钻孔时，钻头的（　　）会造成孔径偏大。
    A. 横刃太短　　　　　　　　　　B. 两条主切削列长度不相等
    C. 后角太大　　　　　　　　　　D. 顶角太小
12. 应用（　　）装夹薄壁零件不易产生变形。
    A. 三爪卡盘　　B. 一夹一顶　　C. 平口钳　　　D. 心轴
13. 使用死顶尖支顶工件时，应在中心孔内加（　　）。
    A. 水　　　　　B. 切削液　　　C. 煤油　　　　D. 工业润滑脂
14. 百分表转数指示盘上小指针转动 1 格，则量杆移动（　　）。
    A. 1 mm　　　B. 0.5 cm　　　C. 10 cm　　　D. 5 cm

15. 使用深度千分尺测量时，不需要（   ）。
A. 清洁底板测量面工件的被测量面
B. 测量杆中心轴线与被测工件测量面保持垂直
C. 去除测量部位毛刺
D. 抛光测量面
16. 零件的加工精度应包括（   ）、几何形状精度和相互位置精度。
A. 表面租糙度　　　　　　　　B. 尺对精度
C. 形位公差　　　　　　　　　D. 光洁度
17. 切断工件时，工件端面凸起或者凹下，原因可能是（   ）。
A. 丝杠间隙过大　　　　　　　B. 切削进给速度过快
C. 刀具已经磨损　　　　　　　D. 两副偏角过大且不对称
18. 可用于端面槽加工的复合循环指令是（   ）。
A. G71　　　　B. G72　　　　C. G74　　　　D. G75
19. 当材料强度低、硬度低，用小直径钻头加工时，宜选用（   ）的转速。
A. 很高　　　　B. 较高　　　　C. 很低　　　　D. 较低
20. 镗孔的关键技术是解决孔刀的（   ）和排屑问题。
A. 柔性　　　　B. 红硬性　　　C. 工艺性　　　D. 刚性
21. G 代码表中 00 组的 G 代码属于（   ）。
A. 非模态指令　B. 模态指令　　C. 增量指令　　D. 绝对指令
22. 有关程序结构，下面叙述中正确的是（   ）。
A. 程序由程序号、指令和地址符组成
B. 地址符由指令字和字母数字组成
C. 程序段由顺序号，指令和 EOB 组成
D. 指令由地址符和 EOB 组成
23. 当程序需暂停 5 s 时，下列正确的指令段是（   ）。
A. G04 P5000　B. G04 P500　　C. G04 P50　　D. G04 P5
24. 使刀具轨迹在工件左侧沿编程轨迹移动的 G 代码为（   ）。
A. G40　　　　B. G41　　　　C. G42　　　　D. G43
25. G99 F0.2 的含义是（   ）。
A. 进给 0.2 m/min　　　　　　B. 进给 0.2 mm/r
C. 转速 0.2 r/min　　　　　　 D. 进给 0.2 mm/min
26. 在精车加工齿轮这样的盘类零件时，应按照的加工原则安排加工顺序（   ）。
A. 先外后内　B. 先内后外　　C. 基准后行　　D. 先精后粗
27. M24 粗牙螺纹的螺距是（   ）。
A. 1 mm　　　B. 2 mm　　　　C. 3 mm　　　　D. 4 mm
28. 镗孔的关键技术是解决孔刀的（   ）和排屑问题。
A. 柔性　　　　B. 红硬性　　　C. 工艺性　　　D. 刚性
29. 螺成有 5 个基本要要素，它们是（   ）。
A. 牙型、公称直径、线数、螺距和旋向

B. 牙型、公称直径、螺距、旋向和旋合长度

C. 牙型、公称直径、螺距、导程和线数

D. 牙型、公称直径、螺距、线数和旋合长度

30. 数控车恒线速度功能在加工直径变化的零件时可（　　）。

A. 提高尺寸精度　　　　　　　　B. 保持表面粗糙度一致

C. 增大表面粗糙度值　　　　　　D. 提高形状精度

二、判断题（对的画"√"，错的画"×"）

（　）1. 精加工时，应选择润滑性能较好的切削液。

（　）2. 职业道德对企业起到增强竞争力的作用。

（　）3. 球墨铸铁进行调质热处理可以获得良好的综合力学性能。

（　）4. 切削用量包括进给量、背吃刀量和工件转速。

（　）5. 手动程序输入时，模式选择按钮应置于自动 AUTO 位置上。

（　）6. 增大副偏角可以减小工件表面粗糙度。

（　）7. 为了使机床达到热平衡状态，必须使之空转 15 min 以上。

（　）8. 轴承和轴承座孔配合优先选用基孔制。

（　）9. 硬质合金涂层刀片的优点之一是提高刀具的耐磨性和红硬性，而不降低其韧性。

（　）10. 数控机床常用平均故障间隔时间作为可靠性的定量指标。

（　）11. 精加工时，应选择润滑性能较好的切削液。

拓展任务工单1

1. 应用数控车床完成如图 6.11 所示工件加工任务，材料 45 钢，生产规模为单件。

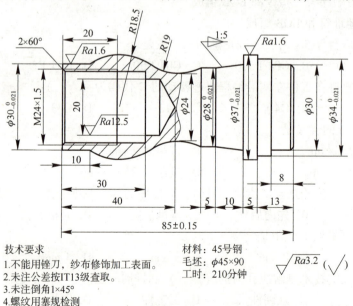

图 6.11　中级技能强化零件

2. 资讯

_____

_____

_____

3. 计划

_____

_____

_____

4. 决策

1）工艺过程卡编制。

表 6.16　中级技能强化零件加工工艺过程卡

学院		机械加工工艺过程卡片		产品型号		零件图号		
				产品名称		零件名称		销轴
材料牌号		毛坯种类		棒料	毛坯外形尺寸		备注	
工序号	工序名称	工序内容		车间	设备		工艺装备	工时
编制		审核		批准		共　　页		第　　页

2）工序卡编制。

表 6.17　中级技能强化零件加工工序卡

学院		数控加工工序卡片		产品名称或代号	零件名称	材料	零件图号
工序号	程序编号	夹具名称	夹具编号	使用设备		车间	
工步号	程序号	工步内容	刀具号	刀具	主轴转速 /(r·min^{-1})	进给速度 /(mm·min^{-1})	背吃刀量 /mm	量具

5. 实施

1）实施步骤。

_____
_____
_____

2）实施过程检测记录。

_____
_____
_____

6. 检测与评价

按表 6.18 内容进行检测。单项最终得分为教师检测得分减去结果一致性扣分。当学生的自检结果与教师的检查结果不一致时尺寸每超差 0.01 扣 1 分，粗糙度值每相差一级扣 1 分，每项扣分不超过 2 分。

表 6.18 中级技能强化零件加工质量检查评价表

零件编号：			学生姓名：		总得分				
序号	模块内容及要求		配分	评分标准	学生自检结果	教师检测		结果一致性扣分	单项最终得分
						结果	得分		
1	外圆	$\phi30_{-0.021}^{0}$ $Ra1.6$	5/2	每超差 0.01 扣 2 分；Ra 每大一级扣 1 分					
2		$\phi28_{-0.021}^{0}$ $Ra3.2$	5/1						
3		$\phi37_{-0.021}^{0}$ $Ra1.6$	6/2						
4		$\phi34_{-0.021}^{0}$ $Ra3.2$	6/2						
5		$\phi30$ $\phi24$ $\phi20$	3/1						
6	三角螺纹	小径　牙型两牙侧 $Ra3.2$	1/1	不合格不给分					
7		螺纹塞规检验	2/1/1/1						
8	圆弧圆锥	$R18.5/R19$	6						
9		圆弧 $Ra3.2$（2 处）	3×3/2×1						
10		圆弧光滑连接	5×0.5	不合格不给分					
11		1∶5 $Ra3.2$	5/1	不合格不给分					
12	长度	9 处	2						
13		85±0.15	6/1						
14	其它	倒角 2 处、去毛刺 5 处	2/1						
15		按零件图纸完成全部内外轮廓加工	8×1	未完成或不符合图纸形状不给分					

说明：

1. 违反安全文明生产的操作行为，酌情扣分 3~10 分/次。
2. 撞刀或撞车床一律取消考试资格。

7. 评估与总结

从以下几方面进行总结与反思。

1) 对工件尺寸精度和表面质量进行评价，找出尺寸超差或表面质量缺陷的原因，提出改进方法。
2) 对工艺合理性、加工效率、刀具寿命等方面进行评价，进一步优化切削参数。
3) 对整个加工过程中出现的违反 5S 管理、安全文明生产等方面操作反思。

自我评估与总结。

拓展任务工单2

1. 应用数控车床完成如图 6.12 所示工件的加工，材料 45 钢，生产规模为单件。

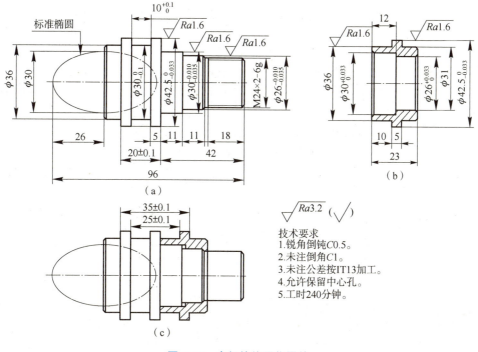

图 6.12 高级技能强化零件
（a）件 1；（b）件 2；（c）组合件

2. 资讯

3. 计划

_____
_____
_____

4. 决策

1)工艺过程卡。

表 6.19 高级技能强化零件加工工艺过程卡

学院		机械加工工艺过程卡片		产品型号		零件图号	
				产品名称		零件名称	
材料牌号		毛坯种类		棒料	毛坯外形尺寸		备注
工序号	工序名称	工序内容		车间	设备	工艺装备	工时
编制		审核		批准		共 页	第 页

2)工序卡。

表 6.20 高级技能强化零件加工工序卡

学院		数控加工工序卡片			产品名称或代号	零件名称	材料	零件图号
工序号	程序编号	夹具名称	夹具编号		使用设备		车间	
工步号	程序号	工步内容	刀具号	刀具	主轴转速 /(r·min^{-1})	进给速度 /(mm·min^{-1})	背吃刀量 /mm	量具

5. 实施

1）实施步骤。

_____

_____

_____

2）实施过程检测记录。

_____

_____

_____

6. 检测与评价

按表 6.21 内容进行检测。单项最终得分为教师检测得分减去结果一致性扣分。当学生的自检结果与教师的检查结果不一致时，尺寸每超差 0.01 扣 1 分，粗糙度值每相差一级扣 1 分，每项扣分不超过 2 分。

表 6.21　高级技能强化零件任务评价表

零件编号：				学生姓名：		总得分：				
模块	序号	模块内容及要求	配分	评分标准		学生自检结果	教师检测		结果一致性扣分	单项最终得分
							结果	得分		
件一	1	$\phi 42.5_{-0.033}^{0}$　$Ra1.6$	5/2	每超差 0.01 扣 2 分；Ra 每大一级扣 1 分 不合格不得分						
	2	$\phi 30_{-0.035}^{-0.010}$　$Ra1.6$	5/2							
	3	$\phi 26_{-0.035}^{-0.010}$　$Ra1.6$	5/2							
	4	$\phi 36_{-0.1}^{0}$　$Ra3.2$	3/1							
	5	$\phi 36$　$Ra3.2$	2/1	不合格不得分						
	6	$\phi 30$	1							
	7	椭圆　$Ra1.6$	2/2	Ra 每大一级扣 1 分						
	8	螺纹小径/牙型/两牙侧 $Ra3.2$	1/1/1/1	不合格不得分						
	9	M24×2-6g 螺纹环规检测	6							
	10	$10_{0}^{+0.1}$	3	不合格不给分						
	11	20±0.1	3							
	12	长度 7 处	7×0.5							
	13	倒角 4 处、毛刺 4 处	8×0.5							
件二	14	$\phi 42.5_{-0.033}^{0}$　$Ra1.6$	5/2	每超差 0.01 扣 2 分；Ra 每大一级扣 1 分						
	15	$\phi 36_{-0.033}^{0}$　$Ra1.6$	5/2							
	16	$\phi 30_{0}^{+0.033}$　$Ra1.6$	5/2							
	17	$\phi 26_{0}^{+0.033}$　$Ra1.6$	5/2							
	18	长度 4 处	4×0.5	不合格不得分						
	19	倒角 3 处、毛刺 4 处	7×0.5							
其它	20	组合尺寸 25±0.1	5	每超差 0.01 扣 2 分						
	21	组合尺寸 35±0.1	5							
	22	安全操作规程	0	反扣总分 5 分/次						

7. 评估与总结

从以下几方面进行总结与反思。

1）对工件尺寸精度和表面质量进行评价，找出尺寸超差或表面质量缺陷的原因，提出改进方法。

2）对工艺合理性、加工效率、刀具寿命等方面进行评价，进一步优化切削参数。

3）对整个加工过程中出现的违反 5S 管理、安全文明生产等操作行为进行反思。

自我评估与总结。

_____

_____

_____

附录 I　　GSK980TD 系统数控车床控制面板操作说明

一、GSK980TD 操作面板说明

本系统的操作面板整体外观如图 I-1 所示。

图 I-1　GSK980TD 系统操作面板外观

1. 面板划分

二维码 I-1

2. 面板功能说明

二维码 I-2

二、位置显示

1. 位置页面显示的 4 种方式

二维码 I-3

2. 加工时间、零件数、编程速度、倍率及实际速度等信息的显示

二维码 I-4

3. 相对坐标清零

二维码 I-5

三、程序显示

二维码 I-6

四、偏置显示、修改与设置

二维码 I-7

五、报警显示

二维码 I-8

六、设置显示

设置键为复合键,从显示的其他页面按一次设置键进入设置显示页面,再按一次设置键则进入图形显示页面,反复多次按设置则在设置与图形两页面间切换。

1. 开关设置

二维码 I-9

2. 图形功能

二维码 I-10

七、系统上电、关机及安全操作

二维码 I-11

八、循环启动与进给保持

自动循环启动信号 ST 和进给保持信号 SP 的作用与系统操作面板中的循环启动键和暂停键的作用相同。

九、手动操作

二维码 I-12

十、主轴控制

二维码 I-13

十一、其他手动操作

二维码 I-14

十二、对刀操作

加工一个零件通常需要使用几把不同的刀具。由于刀具安装及刀具操作偏差，每把刀转到切削位置时，其刀尖所处的位置并不完全重合。为使操作人员在编程时无须考虑刀具偏差，本系统设置了刀具偏置自动生成的对刀方法，使对刀操作简单方便。通过对刀操作以后，操作人员在编程时只要根据零件图纸及加工工艺编写程序，而不必考虑刀具偏差，只需在加工程序中调用相应的刀具补偿值。

1. 定点对刀

二维码 I-15

2. 试切对刀

二维码 I-16

十三、自动运行

二维码 I-17

十四、MDI 运行

二维码 I-18

十五、手轮/单步操作

二维码 I-19

十六、回零操作

二维码 I-20

十七、程序编辑

二维码 I-21

十八、程序管理

二维码 I-22

附录Ⅱ 数控车床的维护保养与常见故障诊断

一、数控车床的维护与保养

二维码Ⅱ-1

二、数控车床常见故障诊断及处理方法

数控机床产生故障的原因是多种多样的,有机械问题、数控系统问题、传感元件问题、驱动元件问题、强电部分问题、线路连接问题等等。数控车床故障有硬件故障和软件故障之分。由机械、CNC系统、电器等硬件损坏引起的故障叫硬件故障。软件故障是由于操作、调整硬件处理不当引起的。软件故障在设备使用初期出现较多,这与操作和维护人员对设备不熟悉有关。在检修过程中,要分析故障产生的可能原因和范围,然后逐步排查,直到找出故障点,切勿盲目的乱动。否则,不但不能解决问题,还可能使故障范围进一步扩大。总之,不能仅在数控机床出现问题后才去解决问题,要做好日常的维护工作和了解机床本身的结构和工作原理,这样才能做到有备无患。

1. 数控车床的硬件故障诊断

二维码Ⅱ-2

2. 数控车床的软件故障

二维码Ⅱ-3

附录Ⅲ 车工国家职业标准

一、职业概况

二维码Ⅲ-1

二、基本要求

二维码Ⅲ-2

三、工作要求

二维码Ⅲ-3

四、权重表

二维码Ⅲ-4

参考文献

[1] 广州数控设备有限公司. GSK980TD 车床 CNC 使用手册 [M]. 广州：2006.
[2] 谢晓红. 数控车削编程与加工技术 [M]. 北京：电子工业出版社，2006.
[3] 沈建峰，等. 数控车床技能鉴定考点分析和试题集萃 [M]. 北京：化学工业出版社，2007.
[4] 余英良. 数控车削加工实例及案例解析 [M]. 北京：化学工业出版社，2007
[5] 孙建东，等. 数控机床加工技术 [M]. 北京：高等教育出版社，2002.
[6] 陈华，等. 数控车床编程与操作实训 [M]. 重庆：重庆大学出版社，2006.
[7] 任国兴. 数控车床加工工艺与编程操作 [M]. 北京：机械工业出版社，2006.
[8] 刘立. 数控车床编程与操作 [M]. 北京：北京理工大学出版社，2006.
[9] 钱东东，等. 数控车床编程与操作模块教程 [M]. 北京：机械工业出版社，2015.
[10] 杨珍. 数控一体化行动导向教学指导：数控车工方向 [M]. 北京：中国劳动社会保障出版社，2019.